扬州市档案馆
扬州市地方志办公室 编

江淮安澜扬州工

1952—1956 扬州治淮记忆

"扬州记忆"丛书

U0214050

广陵书社

图书在版编目（ＣＩＰ）数据

江淮安澜扬州工：1952—1956扬州治淮记忆 / 扬州市档案馆，扬州市地方志办公室编. -- 扬州：广陵书社，2021.12
（扬州记忆丛书）
ISBN 978-7-5554-1832-0

Ⅰ. ①江… Ⅱ. ①扬… ②扬… Ⅲ. ①淮河－综合治理－史料－扬州－1952-1956 Ⅳ. ①TV882.3

中国版本图书馆CIP数据核字(2021)第263340号

书　　　名	江淮安澜扬州工：1952—1956扬州治淮记忆
编　　　者	扬州市档案馆　扬州市地方志办公室
责任编辑	顾寅森
图文设计	扬州瑾一阁文化
出版发行	广陵书社
	扬州市四望亭路2-4号　　邮编：225001
	http://www.yzglpub.com　E-mail:yzglss@163.com
印　　　刷	江阴金马印刷有限公司
开　　　本	720mm×1000mm　1/16
印　　　张	17.25
字　　　数	238千字
版　　　次	2021年12月第1版
印　　　次	2021年12月第1次印刷
标准书号	ISBN 978-7-5554-1832-0
定　　　价	68.00元

"扬州记忆"丛书编委会

主　任：赵庆红

委　员：陈永平　　马　俊　　朱道宏

　　　　薛晓军　　田　雨　　柏桂林

　　　　姚　震　　徐国磊　　雍　俊

《江淮安澜扬州工：1952—1956 扬州治淮记忆》
编辑委员会

主　　任：陈永平

副 主 任：马　俊　朱道宏　田　雨　柏桂林　姚　震

主　　编：姚　震

副 主 编：雍　俊

撰　　稿：孙　克　雍　俊　侍　琴　徐国磊　王妮姗
　　　　　许　军

统　　稿：周　晗

图片统筹：贾丽琴　陈　敏　顾　帆

特别鸣谢：宝应县档案馆　仪征市档案馆

　　城市记忆是城市形成、变迁和发展中具有重要保存价值的历史记录，是城市文明的存贮、历史文脉的延续。自公元前486年吴王夫差"城邗，沟通江淮"，扬州开始了兴衰起伏、三次辉煌的城市发展史，2500多年的城市文明从未中断，绵延至今。扬州深厚的文化底蕴，独特的精神气质，在历史的传承中不断积累、养成，使今天的扬州成为一座令人热爱和向往的美丽城市。

　　档案和地方志是承载城市记忆的重要载体。扬州市档案馆集中统一管理全市党政机关、群众团体、企事业单位永久、长期保存的档案及资料，是永久保管档案的基地，是"扬州记忆"最权威的集中保管场所，2010年被国家档案局评定为国家一级综合档案馆。馆藏清、民国及中华人民共和国成立以来各个时期的各类档案23万卷、31万件，地方志、年鉴、地情资料等3.5万册。扬州2500多年的历史文化，以及近现代经济社会发展的成就，时代进程中发生的大事，各项建设事业中涌现出的人物，市民群众生产生活的变迁，都能在浩瀚的馆藏中找寻到最真实、最权威的记录。

　　进一步收集、保管、利用好档案方志资源，主动担当起城市记忆守护者、传承人的角色，是我们义不容辞的职责。近年来，扬州市档案馆、扬州市地方志办公室积极履行为党管档、为国守史、为民服务的职责，以服务党委、政府中心工作、服务经济社会发展、服务人民群众美好生活需求为根本宗旨，以积极进取的精神和创新创优的勇气，立体化推进档案资源建设，一批名人家族档案、非物质文化遗产档案、老干部档案、名家书画档案、劳模档案相继征集进馆；全方位加强档案安全建设，构建人防、物防、技防三位一体的安全保管体系；加快开展档案信息化建设，面向现代化的数字档案馆即将建成；在此基础上，致力于档案方志文化的创造性转化、创新性发展，编纂出版档案方志文化产品，举办主题展览，开通"扬州档案方志"微信公众号，拍摄电视专题片，办好《扬州史志》杂志，在城市记忆的保护传承方面做了许多有益尝试，取得了良好的成效。

中国特色社会主义进入了新时代，档案方志事业高质量发展也迎来了大好时机。为了更好地发挥档案方志的"资政、存史、教化"作用，深入发掘丰厚的馆藏档案方志资源，彰显档案方志的价值，打造扬州档案方志的文化品牌，我们启动了"扬州记忆"丛书的编纂。

"扬州记忆"丛书着力于对档案方志资源的系统开发、深度开发、精准开发，立足馆藏，精心策划选题，有计划地编纂出版。开发方向主要有两个，一是开发扬州历代地方志书，以历史沿革、名人传记、园林名胜、风物民情、地名街巷等为专题进行整理、解读，走近历史，发现过去；一是对馆藏数十万卷档案进行梳理，总结经济社会发展成就，探索城市建设治理经验，记录各行各业名人名家，弘扬名门望族的家风家教等，探寻规律，以资借鉴，让尘封的记忆得以鲜活，让城市的精神得以弘扬，让前行的动力得以凝聚。

丛书的编纂人员，主要为扬州市档案馆、扬州市地方志办公室的同志，希望通过几年的努力，培养出一支专业水准较高的编研队伍、一批业务能力较强的专家型档案方志人才。同时，我们也以学习的态度、开放的理念，诚挚地邀请领导、专家、学者参与这项工作，以期提升编纂水平，进一步扩大档案方志文化的影响力。

希望这套丛书能够成为各界人士了解扬州的媒介，能够唤起众多游子浓浓的乡愁，能够激发广大人民群众特别是青少年对扬州这片沃土的热爱和眷恋。我们有理由为扬州而自豪，更有义务为这座城市的再次辉煌而竭尽全力！

扬州市档案馆、扬州市地方志办公室

2019 年 6 月

绪 言

　　中国是农业文明古国，历史源远流长，农业从来都是中国经济的根基所在。一部中华民族的经济发展史，其实就是一部水利建设的历史。1949 年中华人民共和国成立后，水利建设被列为从中央到地方各级政府的一项重要工作。

　　淮河是我国七大江河之一，也是新中国全面系统治理的一条大河。

　　淮河发源于河南桐柏山，向东流经河南、湖北、安徽、江苏，至涟水云梯关（现属响水县）入海。流域面积约 27 万平方公里，其中江苏境内面积 6 万多平方公里。《禹贡》载："导淮自桐柏，东汇于泗、沂，东入于海。"

　　古代淮河东流入海，利多害少，河槽宽深，海潮可上溯到盱眙县城。淮河下游发生的水灾，主要受黄河改道的影响。

　　公元 1194 年，由于金朝朝野腐败，无人修堤治水，黄河在阳武县（今河南原阳）决口，河水一路南侵，霸占淮河河道。

这一世界罕见的河道侵夺事件也叫"黄河夺淮"。

黄河带来的大量泥沙使得河床淤塞，行洪不畅，导致原本稳定的淮河水系出现了紊乱，淮河的泛滥史也就此拉开序幕："每淮水盛时，西风激浪，白波如山，淮扬数百里中，公私惶惶，莫敢安枕者数百年矣。"

1593年，淮河发生了有记载以来最严重的一次洪灾。史书是这么记载的："水自西北来，奔腾澎湃，顷刻百余里。陆地丈许，舟行树梢，城圮者半……庐舍田禾漂没罄尽，男妇婴儿、牛畜雉兔，累累挂林间。"

"大雨大灾，小雨小灾，无雨旱灾。"淮河两岸成为我国自然灾害发生最频繁的区域。据不完全统计，从1194年黄河夺淮入海到1948年的754年间，淮河流域共发生594次洪灾。

中华人民共和国成立后的前两年，淮河流域接连发生特大洪水。尤其是1950年7月初的那一次大洪水，造成淮河下游地区近千万百姓和超过3000万亩田地受灾。消息传至北京，中央政府震惊，遂下决心治理淮河。

1950年7月20日，毛泽东主席指示，要从长期的远大的利益着眼，根本地解决淮河问题。要求在救灾的同时，当年秋季开始组织导淮工程，并于一年内完成，以作为根治淮河水患之法。要求拿出计划，协调河南、皖北和苏北三省区，督促早日开工建设。当年8月25日，周恩来总理在北京主持召开治淮会议。10月14日，随着政务院《关于治理淮河的决定》的发布，中华人民共和国大规模治水的序幕由此拉开。

1951年5月15日，毛泽东主席发出"一定要把淮河修好"的伟大号召。

1952年初，原苏北治淮工程指挥部从淮安移驻扬州东关街 282 号，即今天的安家巷，并更名为苏北治淮总指挥部，具体负责淮河下游地区的治理工作，由国家"淮委"和苏北行署双重领导。

鲜为人知的是，治淮与扬州的联系远不止此。扬州市档案馆珍藏着大量中华人民共和国成立以来有关治淮的珍贵资料，其中的《治淮汇刊》详细记录了 1952 年至 1956 年间从扬州发出的治淮指令。

百万扬州人民在党和政府的正确领导下，万众一心，战天斗地，用热血和汗水重整家乡的河山，终于实现了驯服"烈马"听驾驭，让暴虐的淮河开始乖乖顺从的愿望——汛期行洪，滚滚浊浪呼啸激荡，流江入海；安澜期间，则清流缕缕，活水许许，滋养着广袤的苏北里下河平原，进而造福一方。

淮河治理的伟大成就令人鼓舞，今后的治理任务依然十分繁重而艰巨。目前，淮河流域的防洪排涝减灾体系仍存在薄弱环节，上游防洪标准偏低，中游行洪不畅，下游洪水出路规模不足，低洼地区因洪致涝和"关门淹"的现象依然严重，水资源短缺和水污染等问题依然突出，成为制约淮河流域经济社会发展的瓶颈。2010 年 6 月，国务院召开治淮工作会议，对今后一个时期的治淮工作作出全面部署，要求从淮河流域的水情，及流域内经济社会发展对水利的需求出发，全面规划、统筹兼顾，标本兼治、综合治理，突出重点、远近结合，改善民生、注重实效，工程措施与非工程措施结合，兴利与除害并重，统筹解决好防洪、除涝和水资源保护问题，为淮河流域经济社会又好又快发展提供更加有力的支撑和保障。

2013 年至 2018 年，淮河入江水道整治工程的实施，开启了治淮的新篇章。工程主要在扬州境内实施，通过切除高邮湖、邵伯湖滩阻水区域土方 3250 万立方米，新增土地 9500 亩，价值近百亿元。同时，高邮湖、邵伯湖将净增 6 个瘦西湖的蓄水量，为扬州市"东引西调南排"的"清水活水"战略提供充足优质的水源。

淮河入江水道是淮河下游的主要泄洪通道之一。工程上起洪泽湖三河闸，下至江都附近的三江营，全长 157.2 公里，在扬州市境内经高邮湖漫水闸控制线、邵伯湖归江控制线、归江河道入江，长 99.53 公里。工程内容主要是开展新民滩、邵伯湖滩切滩和归江河道抛护项目；为运河西堤、湖西大堤及归江堤防复堤加固；加固、拆建、新建各类建筑物 70 座；修筑堤顶防汛道路 192 公里。

当前，水资源短缺和水污染等问题依然突出，成为制约淮河流域经济社会发展的瓶颈。扬州市将按照党中央、国务院的统一部署，进一步加快淮河治理工作，深入研究淮河特性，全面掌握治淮规律，认真总结治淮经验，继续巩固治淮成果，加快完善流域防洪排涝减灾体系，抓紧落实最严格的水资源管理制度，不断谱写治淮事业发展的新篇章。

目 录

第一章 淮 殇

第二章 宏 图

第六章 旗 帜

第一章

淮殇

荒凉龟裂的土地

淮殇

淮河之滥觞

夹在黄河和长江之间的淮河可以说是中国最"委屈"的一条大河。千百年来，河道被黄河反复侵夺，导致水系紊乱，甚至一度失去入海口，成为长江的支流。淮河两岸是古代受洪水危害最严重的区域，也是历来治水的重点区域，然而，现在的人们对淮河的印象却是模糊的……我们首先要发问：淮河在哪里？

在河南与湖北两省的交界处有一座平均海拔 500 米左右的山脉——桐柏山。当发源于青藏高原的长江、黄河阅尽万里河山，奔流至中国东部平原时，夹在它们中间的淮河才在名不见经传的桐柏山下涌出第一股清流。然而，这并不妨碍淮河水系迅速成长为中国七大水系之一。

淮河，与长江、黄河一样，都是中华民族的母亲河。相传，早在数千年之前，伏羲氏和女娲的氏族部落就已在这片流域上游的颍河岸边和今天的河南省淮阳一带繁衍生息。历史上，淮河曾多次发生水旱灾害，给两岸人民带来了无尽的灾难。据统计，从公元前 185 年至今，有文字记载的重大水旱灾害就多达 340 多次，平均每隔 6 年左右就有一次大的水旱灾害，灾害发生的频率之高，可以说全国罕见、世界少有。

那么，为什么受灾的总是淮河流域呢？这就得从淮河流域的地理、气候、水文、河系状况说起。其实，淮河并不是一开始就那么"狂躁"。

在古时候，淮河还是一条温情脉脉、充满母爱的河流。那时的淮河，河水漾漾，时而悠悠舒缓，时而湍急激涌，一泻千里，气势磅礴。其流经的中原大地、淮北平原和苏北里下河地区，养育了世世代代的淮河儿女，为中华民族的繁衍和中华文明的形成，做出了不可磨灭的贡献。

淮河流域不但平原多，而且土地非常肥沃，共有约 1.9 亿亩耕地。淮河以南盛产水稻，淮河以北盛产玉米、小麦和棉花，是我国重要的粮棉生产基地。每年都担负着向我国其他地区输送粮食的重任。同时，该地区还是能源矿产基地和制造业基地。正是凭借这些优越条件，淮河流域在我国历史上占据了重要的地位，自古就有"江淮熟，天下足"的美称。元代

沿淮人民为纪念禹王治水而修建的禹王亭

以后，淮河流域便开始逐渐成了中央王朝的粮仓，而这一切都是拜淮河所赐。

淮河一方面无怨无悔地哺育着两岸的亿万儿女，另一方面却又性格暴烈，难以捉摸，闹得江淮大地十年九灾。造成这种局面的原因，既有自然因素，也有人为因素。这其中，自然因素是主要原因。因为淮河具有的独特自然环境和气候条件，再加上人类长期有意无意的破坏活动，最终造就了淮河暴烈的性格，塑造了其多变的面貌。

人类对于淮河的治理，可以追溯到远古时期。上古治淮，还得从大禹说起。今天，人们所能见到的最早的治淮文献是《尚书·禹贡》。该书记载："导淮自桐柏，东汇于泗、沂，东入于海。"就是说，大禹曾经从桐柏山开始治理淮河，最终使其与泗河、沂河汇为一处，向东流入大海。夏禹不仅娶了淮河岸边的涂山氏为妻，还因疏导淮水，"三过家门而不入"，终使淮

沿淮农民收割黄豆

水安澜，两岸风调雨顺，人丁兴旺。相传，大禹长期离家治水，思夫心切的涂山氏常爬到高山上向淮河的方向眺望，日日观望、月月等待，最后竟变成了一块大石头。

这些历史记载和民间传说，可以看作人类治理淮河的最早记忆。大禹坚贞不屈的治水精神，不但激励了亿万中华儿女与自然灾害作斗争，更是促进了中国数千年重农思想的萌芽，从此奠定了中国水利和农耕文化长期领先世界的基础。

淮河虽然不是中国最长的一条河流，却是中国境内最重要的南北自然地理和人文地理分界线。"橘生淮南则为橘，生于淮北则为枳。"这充分说明，从很早的时候起，我们的先人已经认识到淮河这条南北地理分界线的重要性。位于长江与黄河之间的大小数百条河流投入淮河的怀抱，造就了广阔的淮河流域。

千百年来，淮河犹如温柔善良的慈母，哺育着两岸人民。随着历史的发展，众多的大小河流不断变迁甚至消失，但淮河一直享有独特的历史地

位。它从源头桐柏山区，一路流经河南、湖北、安徽、江苏四省，沿途支流纵横，湖泊星罗棋布。"走千走万，不如淮河两岸。"淮河沿岸有数不尽的历代风流人物、不胜枚举的历史古城和遗存。古往今来，吟诵淮河的诗章，灿若星辰。其中，有神话传说，有童话故事，有历史掌故，有名人轶事，有名胜古迹……令人目不暇接，引发种种遐思。

淮河虽然有过自己的光辉历史，但也有过令人心痛的灾难。它更是见证了黄河夺淮后给沿岸人民带来的种种苦难。

黄河来踹门

历史上，淮河本来属于外流河，即淮河水最终由陆地流入海洋。同时，淮河原本也有自己的专属入海水道，是一条独流入海的河流。但由于淮河

淮河一瞥

淮河流域图

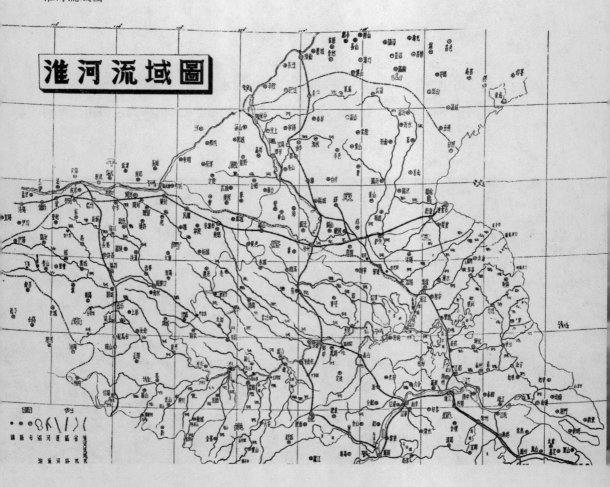

流域水系地貌的复杂性，黄河中下游河道在历史上多次出现改道，特别是黄河的夺淮夺泗入海，淤塞了淮河下游的入海通道（即今废黄河），造成洪水排泄不畅，四处泛滥，使得原本成形的淮河水系出现紊乱，进而导致自然灾害频繁发生，或涝或旱。

公元 1194 年，黄河在阳武县（今河南原阳县）决口，河水一路南侵，霸占淮河河道。这一世界罕见的河道侵夺事件，史称"黄河夺淮"。

历史上的黄河从汉武帝时代便裹挟着大量泥沙开始侵入淮河。最严重的一次发生在 1194 年。当时，占据那里的南宋统治者希望以水代兵，借助黄河的洪水阻挡金兵南侵。结果，暴虐的黄河在无遮无挡的淮北大平原上一泻千里，抢去了淮河入海的水道。自此，黄河开始了长达 800 多年的夺淮历史。"每淮水盛时，西风激浪，白波如山，淮扬数百里中，公私惶惶，莫敢安枕者数百年矣。""黄河夺淮"导致淮河流域的环境发生了巨大的变迁，使其成为世界河道史上罕见的、变化最激烈的河道之一。"大雨大灾，小雨小灾，无雨旱灾。"淮河两岸成为我国自然灾害发生最频繁的区域。

挟带大量泥沙的黄河水造成了淮河水系的巨大变化：

山东省鲁南地区的沂河、沭河、泗河水流不能入淮；江苏省境内淮阴以下的入海河道被夷为平地，迫使淮河水流从洪泽湖南决入江。一路上，淮水狂泄，大量的河道支流和大小湖泊或被淤浅、或被荒废，整个淮河水系遭到了彻底破坏。

黄河带来的大量泥沙使得河床淤塞，行洪不畅，淮河下游的河床逐渐抬高，形成地上河。淮河不再是一条畅通的水道。在淮河较低的地方（如今江苏淮安、宿迁两市境内），诸多宋代以前就存在的中小湖泊渐渐被阻塞的洪水连接起来，形成了一片千余平方千米的广阔水域——洪泽湖。

淮河入海故道被黄河侵夺，使得淮河不能直接入海。失去了入海口的淮河被迫改流，在洪泽湖破堤南下入江。

由于黄河夺泗夺淮，使泗河、沂河、沭河的洪水再无出路，因此在泗河、

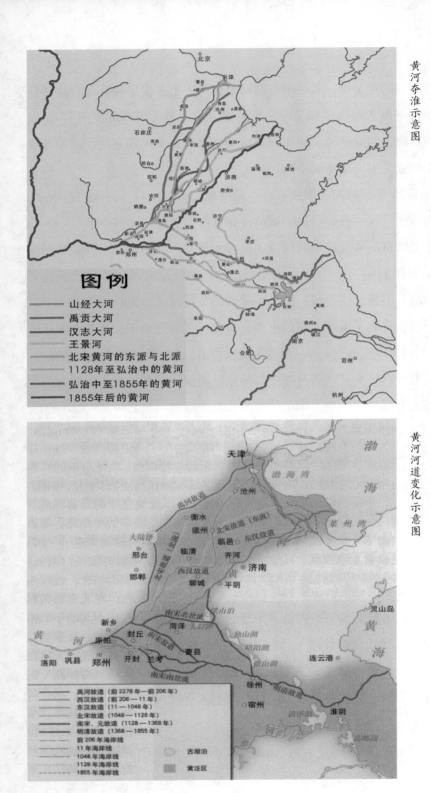

沂河、沭河的中下游地区形成了今天的南四湖和骆马湖。而且，"黄河夺淮"之后，留下了一条兰考—徐州—淮阴—云梯关长达数百千米长的黄河故道，将原本的淮河水系粗暴地划分为淮河水系和沂河、沭河、泗河水系。

"黄河夺淮"抬高了洪泽湖水位和干流中游的河床，使原来入淮的各河道支流形成背河洼地，新出现了如城西湖、城东湖、瓦埠湖等湖泊。洪泽湖以下的入江水道逐步形成，高邮湖和宝应湖的水位抬高，面积扩大，在自然水力的冲刷和人工疏导之下，入江水道的泄水能力不断扩大。与此同时，淮河下游运河大堤东西两个地区的水灾也日益严重。

1593年，淮河发生了有记载以来最严重的一次洪灾："水自西北来，奔腾澎湃，顷刻百余里。陆地丈许，舟行树梢，城圮者半……庐舍田禾漂没罄尽，男妇婴儿、牛畜雉兔，累累挂林间。"

"黄河夺淮"之后，"丰饶富足"一词便成了淮河历史上一个遥远而美好的童话。自此，淮河两岸水旱灾害频发，人们深受其害。

江淮两"碰头"

从古至今，对于淮河的治理就没有停过。

春秋战国时期，记载治淮的历史文献虽然不多，但所记录下来的那些治淮成就却都是开创性的。

公元前656年春，齐国联合鲁、宋、陈、卫、郑、许、曹等诸侯国，组成联军，南下攻楚。最后，各国在召陵（今河南郾城）定下盟约，史称"召陵之盟"。在盟约的四条禁令中就有一条专门针对水利，叫作"毋曲堤"，不许筑高坝，以免让水流倒淹百姓，导致流离失所。这就是我国有史以来最早的有关水利的盟约。

春秋时期，楚国的令尹（相当于宰相）孙叔敖曾在期思、雩娄（今

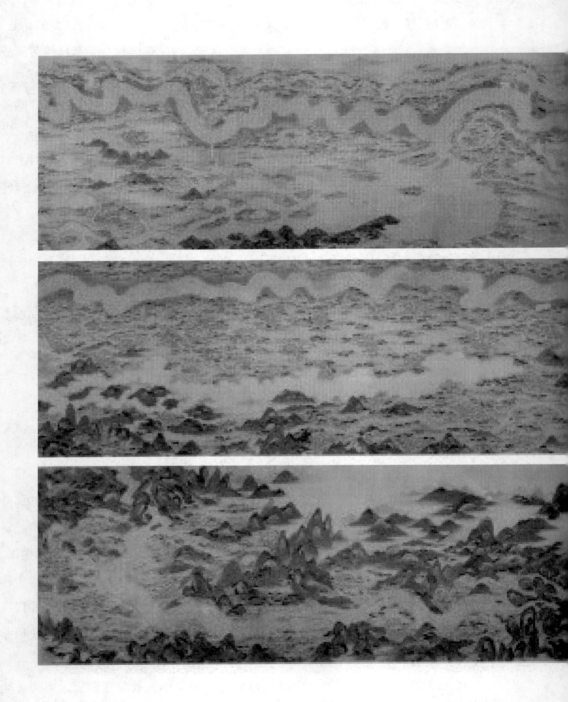

靳辅、周洽《黄河图》全图

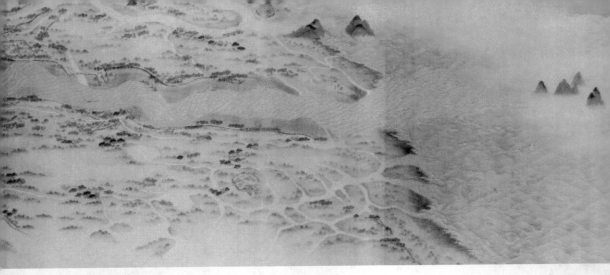

新辅、周洽《黄河图》（局部）——下河与海口形势

河南省淮滨县境内）主持兴修水利，建成了中国较早的大型水利灌溉工程——期思陂和芍陂。期思陂比魏国的西门豹渠早 200 多年，比秦国的都江堰和郑国渠早 300 多年。不论是在渠址的选择还是在地势勘察、水量调节、排洪灌溉等方面的设计，都具有相当高的水平。毛泽东主席在 1957 年视察南方路过豫南时，除高度评价孙叔敖的业绩外，还着重称赞他是一个水利专家。1958 年，在淮河上游修建的梅山水库中干渠就是利用期思陂的旧渠道——清河渠（在固始县境内）改建而成。孙叔敖在楚国的治淮成就开创了我国农业灌溉事业的先河。

这一时期最值得大书特书的当属扬州邗沟的开凿。公元前 489 年，南方的吴王夫差欲称霸中原，准备出兵攻打齐国。为便于军队水路运输，夫差于公元前 486 年开凿了邗沟。

古代淮河有着四通八达的水上交通网，为地域经济的发展和各个民族间的文化交流提供了得天独厚的条件。春秋晚期以前，淮河流域与长江流域的水上交通是隔绝的。吴王开凿邗沟之前，我国东南地区和中原并无自然的水道直接相通。当时，南方的船只北上，均由长江入黄海，由云梯关溯淮河而上至淮阴故城，再向北由泗水而达齐鲁。这既绕了路，又要冒入海航行的风险。

吴王夫差在扬州借助长江口水系拓宽开凿航道，沿途拓沟穿湖至射阳湖，再至淮安旧城北五里与淮河连接。这条航道大半利用天然湖泊沟通，史称邗沟东道。如今，古邗沟的具体确切线路虽已无从考证，但《水经注》等古籍对此事均有明确的记载。清《宝应图经》一书详细记录了历史上邗沟在宝应段的十三次变迁，其中有一幅名为"邗沟全图"，清晰地标明了当年邗沟流经的线路：从长江边广陵之邗口向北，经高邮市境的陆阳湖与武广湖，再向北穿越樊梁湖、博支湖、射阳湖、白马湖，经末口进入淮河。如此一来，长江就通过人工开凿的河渠与淮河联通了。从这个意义上说，这也算是中国南水北调的最早尝试。

邗沟从此成了南北交通的重要航道之一，并在其基础上形成了元、明、清京杭大运河江淮之间的河道（今称里运河），至今仍发挥着航运和水利灌溉的功效。

"三水"一体治

两汉时期，淮河受到了黄河的侵害。黄、淮两河原本各有出海通道。但由于黄河泥沙较重，天长日久，就把自己的入海河道给淤废了。慢慢地，黄河河床越来越高，最终就只能向旁边更低的地方改道而去。同时，随着人类对植被的不断破坏，黄河改道的情形越来越多。公元前 168 年，黄河在酸枣（今河南延津县）决口，向南侵入泗水。这是有文字记载的黄河第一次侵淮。

黄河决堤南侵，是淮河历史上最重大的事件。在黄河没有夺淮之前，淮河基本上是一条温和的母亲河，尽管也时有灾害发生，但却极少有大灾大难。黄河夺淮，不仅淤塞了淮河上游河道，带来了大量泥沙，更重要的是加重了下游河水的下泄难度，淤塞了下游河床，使得淮河最终失去了独流入海的通道，以致演变成今天极易暴发洪涝灾害的状况。

三国、两晋、南北朝时期，由于战乱频仍，淮河流域开发步伐放缓，水利工程皆因军队屯垦而建，同时也随着军事的消长而变化。

在我国历史上重大的分裂时期，南北对峙一般都以淮河为界，南北朝时期也大致如此。梁武帝曾下令征调民夫20万，在今天淮河浮山峡开筑拦河堰，修建土石坝。这是有史以来第一次在淮河干流上筑坝。然而，非为兴修水利，而因军事目的建筑的大坝，其本身始终存有隐患。果然，堰成的那个秋天，淮河大涨，在一个月黑风高的夜晚，浮山堰溃决了。史载："淮水暴涨，堰坏，奔流于海，杀数万人。其声若雷，闻三百里。"这极有可能是我国历史上第一次因垮坝而发生的灾难。

隋唐两代，由于国家统一、人民安定，淮河流域的农业、水利、航运都有了较大的发展。隋文帝首开山阳渎，南起江都（今扬州），北至山阳（今淮安），基本上沿着邗沟故道开挖，相当于对古邗沟进行了一次较为彻底的疏浚与整治。隋炀帝除对山阳渎进行彻底治理外，又开挖了通济渠、永济渠、江南运河，由此形成了今天大运河的雏形。隋炀帝时，长江、淮河、黄河通过运河实现了沟通。

当时，长江以南开挖了江南运河，先后沟通了山阳渎、通济渠、永济渠，人们可以从临安（今杭州）坐船直达河北保定，这绝对是冠绝一时的创举。运河作为真正意义上的南北交通大动脉，是从隋代开始的，一直到近代铁路、公路、航空的出现，才逐渐从南北交通的历史舞台上淡出。对于一个王朝来说，打通南北交通的命脉，实际上就开启了南北经济交流的渠道，这不仅是维系南北统一的政治大动脉，更是维系南北经济文化交流的大动脉，其历史意义不容低估。几乎可以肯定地说，如果没有运河，中国古代社会将会是另一个样子，至少不可能在唐朝就达到世界文明的巅峰。

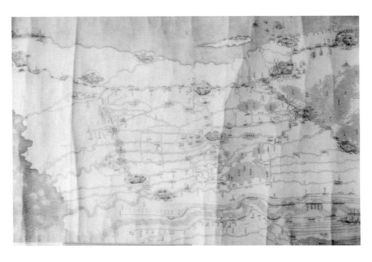

淮河、黄河和运河并置情形（《王石谷全黄图》）

黄河、运河、湖泊交汇部分（《王石谷全黄图》）

里下河部分河道（《王石谷全黄图》）

芭斗排水情形

"天下无江淮不能足用，江淮无天下可以为国。"一直到宋室南迁，江淮地区都是宋朝统治者经营的重点地区。北宋时，淮河流域是东南地区的粮仓，同时连接着汴京通往江南的补给线，不仅是半壁江山，更是宋室的命脉所在。

由于宋、金不时发生战争，淮河几乎没有得到任何治理，因此便逐渐灾害频仍。南宋绍熙五年（1194），黄河在河南阳武光禄村决口。自此以后，黄河南侵夺淮就成为常态，一直持续了600多年。直到1855年黄河北决于铜瓦厢，黄河夺淮才算告一段落。而此时的淮河水系早已发生了根本的变化，这为后来日益频繁的洪涝灾害埋下了祸根。

元代虽然实现了统一，国家的政治中心设在了北方，但实际上中国的经济中心早在唐宋时期就已南移。因此，元统治者对江淮地区仍极为重视。为了保证京城的物资供应，尤其是粮食供给，南粮北运已成为当时必须实施的重要经济战略。

为此，元世祖命人开凿了会通河和通惠河。从此，一条南自杭州、北至北京的大运河就开通了。京杭大运河是世界上最长的运河，其历史意义和实用价值都非比寻常。它的开凿，极大地影响到了淮河流域的命运。在此后的600多年里，淮河与黄河、运河紧密联系在一起，不但改写了中国经济史，同时也改写了中国水利史。事实上，后人要想准确了解元、明、清各代治理淮河的历史，就必须先弄清黄河、淮河、运河之间错综复杂的关系，否则一切的分析和研究皆难免有隔靴搔痒之嫌。

明朝时期的淮河，因受黄河南侵影响，自身水系紊乱，河床日渐抬高。明成祖朱棣将首都从南京迁至北京之后，又形成了"政治中心在北方、经济中心在南方"的格局，运河因此成了维系明朝生死存亡的重要交通大命脉。

然而，几乎在同一个时间，黄河、淮河、运河的关系开始变得复杂起来——淮河与黄河共用了一个入海水道。但由于黄河的泥沙太大，入海水道逐渐淤积填高，黄河就携带泥沙由清口（今江苏淮安市西南）大量侵入到洪泽湖，导致洪泽湖底日益抬高，使得原本属于沉降区的湖床反比淮河蚌埠段的河床还要高。与此同时，洪泽湖的面积越来越大，进而威胁到了位于洪泽湖畔的盱眙明祖陵。

为了解决黄河泥沙淤积的问题，明代实行了"蓄清刷黄"的治水策略，即加高洪泽湖大堤（高家堰），用淮河之水去冲刷清口的黄河泥沙，由此又导致大量的泥沙在入海口逐渐淤积，使得海岸线和入海口不断向东推移。于是，淮河水自洪泽湖到黄海的入海口一段几乎是在平槽中流动，水流越加不畅，泥沙淤积更加迅速，最终将淮河的入海水道全部淤塞，逼迫淮河从洪泽湖的三河口改向南流，经过扬州境内的三江营汇入长江。

令人费解的是，明代的治淮似乎总是陷入一个无法自拔的怪圈里：要根治淮河，就得让黄河回到北方故道，由此彻底斩断淮河的泥沙来源；但如果让黄河复归，运河就得断流；保运河，就得让黄河继续南行；黄河南行，就避免不了泥沙淤塞淮河及其支流……在这种错综复杂的关系下，当时的官员在治淮时采取了新的思路，即让黄河水一直保持运动的姿态，利用黄河自身的湍急流水，将泥沙一路搬运入海。这就是著名的"以水治沙"理论。

明代初年，治河官员在实践中已经有了"黄河、运河一体同治"的思想，认为治运河即所以治黄河，治黄河即所以治运河。明代著名的治河专家潘季驯对黄河、淮河、运河进行了实地考察，经过深思熟虑，最终提出了"筑堤障河，束水归槽；筑堰障淮，逼淮注黄；以清刷浊，沙随水去"的治水主张。这实在是一个划时代的伟大创举，它第一次将黄河、淮河、大运河的治理联系在了一起，并提出了系统治理之策。其"以水治沙"的思想对中国水利乃至世界水利建设均有重要影响。

清朝虽是少数民族建立的政权，但对水利的重视却是其他朝代难以比肩的。与明朝一样，清朝的政治中心在北，经济中心在南，运河同样是国家的重要命脉。与其他朝代相比，这一时期的黄河、淮河、运河已连成一体，因此整体治理的要求更加迫切。黄河、淮河有事，必然影响到运河漕运，牵一发而动全身。

清初，政府继续实行"蓄清刷黄"的治水政策，但有关淮河水归江、归海的争论，却持续了数十年之久。

康熙皇帝亲政之后，将"三藩、河务、漕运"作为自己要做的三件大事，书写好后挂在宫廷的柱子上，时时作为警诫。这三件事中，有两件都与水利有关，这既说明康熙皇帝对水利的高度重视，也说明当时河道和漕运的形势已是十分严峻。康熙三十八年（1699），在第三次南巡时，康熙皇帝提出"解除下河（指今里下河）水害之要筹，必须疏通入江之道"，并确定了淮水由芒稻河、人字河归江的方略。他命安徽巡抚靳辅任总河，通过治理使黄河、淮河、运河80年无大患，在一定程度上为康乾盛世奠定了基础。

乾隆中期以后，政府对河道治理的重视大不如前。道光以后，黄河河床又日渐抬升，慢慢地成了地上悬河，"黄高淮低"的趋势更加明显。与

旧时，淮河两岸农民一直依靠人力、畜力进行收割

此同时，洪泽湖北部也逐渐淤成平陆，淮阴以下的淮河被淤成"地上河"。而此时的洪泽湖则如同一座巨大的蓄水池，几十亿吨的水天天悬在淮阴和扬州两地人民的头上，一旦溃坝，立刻便会发生灭顶之灾。

咸丰元年（1851），淮水大涨，冲毁了位于洪泽湖三河口的礼坝，使淮河洪水改由三河南下，穿高邮湖、宝应湖、邵伯湖，直至三江营入长江。至此，淮河上、中游 15.8 万平方千米的来水由原来的入海为主改为了入江为主，使得苏北里下河地区的水灾更加严重。

咸丰五年（1855），黄河在河南铜瓦厢决口，改由山东利津大清口入海，结束了长达 661 年的夺淮历史。淮阴以下的淮河故道，由于河槽泥沙淤积太高，淮水不能重回故道，逐渐形成了现在的一段废黄河。

"导淮"之辛酸

晚清时期，国势衰微，政局动荡，淮河年久失修。1855 年，黄河夺淮结束，但长期淤积的泥沙使淮河下游地势高扬，"淮失故道，乃至无所归宿，于是犯运侵江，浸淫于淮扬之间。每遇洪水，下游固沦为泽国，上游亦旁溢泛滥，苏皖北境迄无宁日"。为减轻灾情，山阳士绅丁显提出"导淮"之议。此后，"导淮"一直成为治理淮河的基本思路。

淮河之大病，"在失其归海之路"。黄河夺淮后，淮水虽欲别得一自由入海之新路，为其自身之发展。但以淮河冲积地之倾斜，似较黄河冲积地为平坦，因之辄为所阻。因此，给淮水以出路，成为这一时期治理淮河的基本主张。

淮河水旱灾害的不断加深，使社会各界治理淮河的愿望更为迫切。晚清重臣张謇对淮河的导治尤为重视。1906 年，张謇提出"复浚淮河、标本兼治"的主张。为使导淮工程尽快实施，在张謇的倡议下，江苏咨议局通过了整治淮河的议案，并决定筹办江淮水利公司，从事测量，为科学导淮创造条件。1911年，张謇设立了江淮水利测量局，开始对淮河进行综合测量。1913年，北京政府设立导淮总局，任命张謇为督办。在科学测量的基础上，结合已有研究成果，张謇的导淮思路更加清晰，他明确提出了"江海分疏"的导淮主张。1917年，江淮水利测量局对淮河干流进行第二次全面测量，并将测量结果汇编成《勘淮笔记》。1919年，在科学研究的基础上，张謇提出了《江淮水利施工计划书》，为淮河的导治提出了具有可操作性的解决方案。

清末和民国时期，由于时局动荡不安，黄河、淮河、运河的治理工程已经基本停止，淮河流域的水利事业很少，有的也只是一些局部治理。清光绪四年至七年（1878—1881），大修扬属运河。1913年，江苏设运河堤工事务所。上游事务所在淮阴，下游事务所在高邮。1914年，江苏巡按使韩国钧委任马士杰为筹浚江北运河工程总办，设局江都，附设测绘养成所于高邮。1915年，江北运河工程设置挖泥机船。1916年春，马士杰创砌瓜洲运河两岸护坡，自扬子桥至瓜洲，三年完工。1922—1924年，修挑高邮以上运河60里，宿迁以上运河90里。

国民党统治时期，治淮的方向逐渐明朗，就是要引入现代水利思想和技术，将淮河治理与经济社会发展联系起来，不但要防止水害，更要化害为利，发挥河流的航运、灌溉和发电效能。

1919年，孙中山先生在《实业计划》中指出："疏浚淮河，为中国今日刻不容缓之问题。"他以国父之尊，把治淮列为"中国今日刻不容缓之问题"，客观上促进了国民政府的治淮工作。

南京国民政府成立后，在朝野各界的重视和推动下，成立了导淮委员会，制定了《导淮工程计划》，导淮工程开始提上议事日程，逐渐从理论进入实践层面。

1929年1月，国民政府成立导淮委员会，蒋介石担任导淮委员会委

淮河两岸被水淹的凄惨情形

员长，并指定黄郛、陈其采、陈仪、陈辉德、段锡朋、陈立夫等为常务委员。国民政府制定了导淮委员会组织条例，颁布了《导淮委员会组织法》，明确导淮委员会直隶全国经济委员会，掌理导治淮河的一切事务，下设总务处、工程处、土地处三个部门。导淮委员会由一批重要人物和水利专家（如李仪祉）组成，又隶属于全国经济委员会，一定程度上显示了其地位的重要。导淮委员会的成立，使全国第一次建立了一个统一的导淮机构，从而有助于推动对淮河的治理。

1931 年 4 月 12 日，国民政府批准了《导淮工程计划》，正式上升为国家层面的治淮规划。

然而，一场突如其来的自然灾害打乱了这项重大水利建设工程的部署。1931 年 6 月下旬至 7 月底，淮河地区持续出现长时间的大雨和暴雨（雨日多达 15—20 天），发生了历史上罕见的洪涝灾害。扬州地区的里运河

淤塞了的旧淮河

段高水期在 7 月上旬，恰逢大潮，江水顶托，飓风过境，导致水位居高不下，浪高数尺。里运河的东西两大堤漫决多达 80 多处，其中东堤 54 处，受淹面积 2 万平方千米。

1931 年 8 月 10 日，《申报》称：洪水横涨后，由泗阳城舟行至皖临淮关和明光，由淮阴南门舟行至高宝一带。惟皆行驶于秋禾之上，令人惨不忍睹。1931 年 8 月 30 日，《新闻报》记：江都 8 月 27 日上午，运水低落 4.5 尺，风亦平息。28 日，邵伯镇虽亦退落数尺，市面水深仅可没胫，然房屋倒塌，人、物漂流。崩溃最大处万寿宫左右，已冲成大塘。由于上夹河穿过大街入里下河，男女浮尸，满街漂流。乡间一片汪洋，淹没更无从计算，由湾头到仙女庙一带运河中，浮尸盈河。位于里下河"锅底"的兴化县城，平均水深两米以上，"城镇尽皆陆沉，屋舍楼台悉成水宫"，"浮尸满街漂流，运河中浮尸盈河"。

据记载，1931 年淮河大洪水，仅里下河地区就淹没耕地 1300 多万亩，房屋倒塌 213 万间，350 多万人无家可归，死亡约 7.7 万人，其中淹死的就达 1.93 万人。国民政府不得不暂停一切其他国家建设项目，成立救济水灾委员会，全力抗灾，赈济灾民。当时，中国民生凋敝，财政空虚，救济水灾委员会一方面积极呼吁国际救助，另一方面设法从国内筹集资金。1931 年 9 月 11 日，国民政府以盐税做担保，发行 8000 万元公债来填补资金缺口。但是，公债发行仅一周时间，日本就在东北制造了"九一八"事变，并于 1932 年 1 月 28 日进攻上海。国民政府只得放弃赈灾债券，转而实行海关附加税，勉强筹集救灾款项。

1931 年的水灾惨烈程度异乎寻常，受灾人数达到 2500 万人以上，几乎相当于当时整个美国的农业人口总数。这场大水也在某种程度上坚定了国民政府的治淮决心，相关省份和军阀势力也逐步认识到，洪灾损失远远大于治淮成本。就在这样的历史大背景下，国民政府于 1932 年成立了全国经济委员会，将导淮委员会置于其下。导淮委员会的工作，至 1937 年

洪水退后，房屋倒塌，田园荒芜，人民食宿无依，农村生产力遭受到严重摧残

11 月底因抗战局势严重，交通阻滞，暂告结束。

在这期间，国民政府导淮委员会还是抓紧时间，实施建设了一些水利工程。跟扬州有关系的必须提到邵伯船闸的修建。

1933—1936 年，导淮委员会在江苏的江北运河上修建了邵伯、淮阴、刘老涧等船闸。

邵伯、淮阴、刘老涧等船闸是调节入海水量的重要设施，对调节运河的航运及农田灌溉非常重要。到 1936 年 7 月，邵伯、淮阴、刘老涧等船闸工程先后竣工。随着邵伯船闸的通航，上下游来往船只，日夜放行，商民称便。高邮船闸亦于 1936 年建成，11 月 27 日开放通航，上下游过闸船只，安全便利。

淮河下游主要位于江苏境内，入海水道工程主要由江苏省政府承担。国民政府为推动此项工作，于 1933 年任命导淮委员会副委员长陈果夫为江苏省政府主席。1934 年，在淮阴成立了导淮入海工程处，专门负责入海工程。入海工程涉及淮阴、泗阳、江都、泰县、高邮、宝应、淮安、涟水、兴化、东台、盐城和阜宁等 12 县。根据工程需要，每县征工 5000 名至 25000 名不等。工程处以各县征工人数，配定土方，划分为 12 段，合力施工。

工程处还十分重视舆论宣传，时任江苏省政府主席的陈果夫创作了《导淮入海歌》，令各校学生歌唱，并在省政府电台播音。歌词如下：

> 淮河！淮河！利我江北乎？害我江北乎？
> 全在我江北人能力如何。
> 我有能力，水为我用；我无能力，我为水用。
> 我善用我力，淮水为我操纵。
> 导淮入海，要将西水导入东海中。
> 大水不为我害，大水不为我害。大旱亦收灌溉之功。

大家齐用力，为了大家安乐与年丰！

大家多用力，为了永久安乐与年丰！

　　1935 年 5 月，顺利完成淮河入海工程第一期工程。第二期工程在同年 10 月启动，整个工程计划在 1937 年元旦完成。入海水道命名为"中山河"。《大公报》于 1936 年 12 月 5 日刊发《导淮工程紧张进行》："期在今后一个月内，能依限完成，俾在二十六年（1937）元旦，导淮入海新河线，与导淮委员会主办之淮阴、邵伯、刘老涧三航闸，同时举行放水完工典礼。"最后，工程"以天时人事之阻碍，未能如期竣事"。

　　1936 年底，工程仍在紧张进行，当时尚余 705 万土方，约相当于全工程量的十分之一，"仍在继续开挖中，二十六年春，可期挖竣"。

　　正当治淮事业和国家经济建设取得初步成效之时，抗战全面爆发，日本侵华打断了中国经济建设的进程，治淮工程也不得不停止。日本的侵略给中国带来了比洪水还要凶猛百倍的灾难，使江淮儿女陷入了更为沉重的水深火热之中。

　　1938 年 6 月，国民政府为了阻止日军西侵，在郑州花园口炸开黄河南堤。黄河水又一次泛滥于淮河流域，豫、皖、苏三省受灾 44 县，1250 万人流离失所，死亡 89 万人之多，形成了 5.4 万平方千米荒无人烟的"黄泛区"，相当于江苏全省面积的一半以上。扬州地区大运河西侧一片汪洋，里下河地区洼地积水深达 1 米左右，灾民达到 10 多万人，其中运河西 6 万多人，运河东 4 万多人。这次灾难使流域内的人民深受其害，仅河南境内逃荒流亡的就有 500 万人。黄河泛滥带来的约 100 亿吨泥沙淤塞了许多河道，淮河正阳关附近河槽几乎全部淤平，淮河水系进一步遭到破坏。

　　1945 年，抗战胜利，但之前的导淮成果早已经荡然无存，数百万劳工的心血就这样化为乌有。1946—1948 年，导淮委员会（后改为淮河水利工程总局）在江苏省境内进行了一些运河复堤和闸坝修复工程。淮河流域水利设施破败不堪，当时的国民政府已经没有力量来治理淮河了。

国民政府导淮事业的结局再一次告诉世人：任何国家建设，尤其是像治理淮河这样的系统性水利建设，没有强大的国力作为支撑，都是无法完成的。

第二章

宏图

第一期治淮工程完工后的淮水

宏图

人民的呼唤

抗日战争时期，共产党领导的八路军、新四军深入敌后发动群众抗日，分别在 1938 年和 1940 年先后建立起了鲁南抗日民主根据地和苏北抗日民主根据地，领导群众抗日、减租减息，进行土地改革。此举使得解放区的广大群众摆脱了日本帝国主义和封建统治的压迫，改善了人民生活。但是人民群众在为翻身解放、过上好日子而欢呼雀跃的同时，普遍反映还有一些不满意。原来，鲁南和苏北解放区的老百姓有三害：日本兵、恶霸地主和天灾（洪涝灾害）。广大翻身农民说：共产党领导我们除了前两害，可是淮河洪水这一害仍然没有得到根本解决。

人民的呼唤，就是共产党的责任。1945 年冬，苏皖边区政府利用秋收过后的冬闲时间，动员大运河沿线人民开展整修运河堤坝活动。其目的就是准备预防来年的春汛，种好庄稼，增收粮食，保卫解放区。1946 年，苏皖边区政府成立运河春修工程处，组织群众在运河大堤上平碉堡、填战壕、固险段、修石坡。这时，驻扎在邵伯镇的国民党军队 25 师又挖开邵伯镇南的运河大堤，企图水淹里下河，阻止新四军北撤。这个罪恶的行动，因当地群众的阻止和抢堵，才未得逞。

整修运河堤坝工程于次年 4 月 25 日竣工。当时，联合国救济总署的代表亲临运河大堤进行视察，认为修得很好，对解放区的老百姓们大加赞赏。

1947 年是一个大水之年。黄河、淮河、沂河、沭河并涨，老百姓的农田和家园损失严重。苏皖边区政府拍发紧急电报给时在国民政府陪都重庆的中共中央副主席周恩来，要求南京速开归江各坝，排泄淮河洪水。

然而，面对这件关系到百万人民群众生命安全的大事，"（国民党）政府不但不开放（归）江坝，近且不断以重轰炸机以重磅炸弹轰炸高邮附近堤身，并扫射修堤人民，阻挠修堤工程。致使沂、沭两河漏水，今堤岸又告溃决，竟演成宿、沭、灌各县空前水灾。""运河入江各坝，政府既不开放，复加以飞机不断轰炸河堤，致运河有决堤之极大可能。"对此，周恩来紧急致电宋子文，请求立即开放归江坝，"勿再以此为政争及战争之武器"。

1949 年 1 月 25 日，扬州城解放。军管会接管国民政府的运河工程处，成立苏北运河南段工程处，下设江都、高邮、宝应三个县运河工程事务所。3 月 30 日，完成了拦江坝堵闭；4 月 8 日，完成万福桥、二道桥、头道桥、江家桥的修复，从而确保了中国人民解放军顺利渡过长江。1949 年 6 月，江苏全境解放。

当年 7 月上旬，沂河、沭河、泗水再次暴发洪水。顿时，淮北平原、苏北平原洪水漫流，农田和百姓住所尽数被淹。紧接着，又是强台风过境，暴雨、狂风、大潮蜂拥而至。由于战争导致当地水利设施长期失修，积留下来的水灾祸患此时便很快暴露出来，有 360 多万灾民外出逃荒。

毛泽东、周恩来闻讯后，当即电示：我们党对在革命战争中作出重大贡献的苏北人民所遭受的水灾苦难，负有拯救的严重责任，要求全力组织人民生产自救，以工代赈，兴修水利，以消除历史上遗留的祸患。各级党委、政府迅即行动，以战斗姿态，紧急组织群众抗洪救灾。

被国民党军队破坏的大坝

1949年后整修如新的大坝

劳动人民在修堤

1949年后整修如新的万福桥

"一定要把淮河修好"

中华人民共和国的大规模治水事业，是从治理淮河起步的。治理淮河，是中华人民共和国成立后的第一个全流域、多目标的大型水利工程。其间，毛泽东先后多次对淮河治理作出批示，并发出"一定要把淮河修好"的号召。周恩来亲自部署召开第一次治淮会议，研究制定了"蓄泄兼筹"的治淮方略，实现了中国治水思想的重大革命，使根治淮河工作有了可靠的政策保证。

1949 年前，淮河沿岸居住人口超过 1 亿，沿淮地区流传着这样一首民谣："爹也盼，娘也盼，只盼淮河不泛滥，有朝出个大救星，治好淮河万民安。"由此可知，淮河不治，人民的生命财产安全就得不到保障。

1950 年 10 月 14 日，政务院发布由周恩来主持制定的《政务院关于治理淮河的决定》（以下简称《决定》），系统阐明了治淮的方针、步骤、机构，及豫、皖、苏三省的配合、工程经费、以工代赈等重大问题，确定兴建淮北大堤、运河堤防、三河活动坝和入海水道等大型骨干工程。该《决定》正式将"蓄泄兼筹"作为中华人民共和国治理淮河的指导方针。《人民日报》随后发表社论《为根治淮河而斗争》，强调"这一个工程的计划，是根据目前需要，并结合长远利益来制定的"。

从 1950 年冬起，党和人民政府组织实施了治理淮河的三期工程建设项目，有计划、有目的地对淮河流域进行从点到面的综合治理，遏制了淮河水患，取得了举世瞩目的建设成就。

1951 年治理淮河，百万民众被动员起来，在没有机械工具的条件下，治淮第一期工程共完成了蓄洪、复堤、疏浚、沟洫等土方工程约 1.95 亿立方米。当年 5 月，治淮迎来了一个伟大时刻：中央治淮视察团把印有毛泽东亲笔题词"一定要把淮河修好"的四面锦旗分别送到了治淮委员会和河南、安徽、苏北三个治淮指挥部，极大地鼓舞了治淮队伍的士气。1951

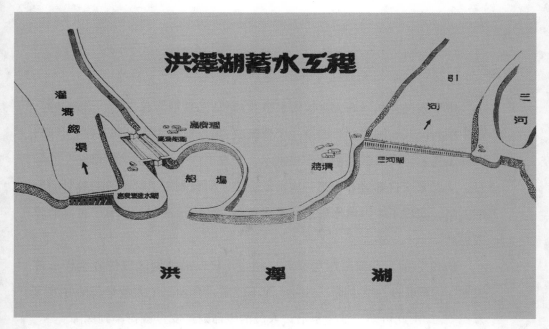

洪泽湖蓄水工程

1950年，淮河流域大水成灾，河南、安徽两省被淹农田四千多万亩，受灾人口一千三百万人

1950年，治淮全面开工，三百万劳动大军源源不断开赴工地

年 2 月 1 日,治淮委员会根据需要,将"下游工程局"由淮安迁至扬州办公。

千里淮河沿线,数百万群众浩浩荡荡奔赴治淮工地。解放军 2 个师整建制投身治淮事业。当时的治淮工程施工工地上,可谓是"千军万马战淮河,气壮山河缚苍龙"。在国家百废待兴、十分困难的情况下,中国共产党人带领人民向淮河洪涝灾害宣战。

从 1950 年春开始的治淮工程,仅用了短短几年时间,苏北治淮总指挥部就指挥队伍开挖了新沂河、苏北灌溉总渠等 300 多千米排洪骨干河道;整修了 1000 多千米的河、湖、海堤防,兴建了三河闸、高良涧进水闸、运东分水闸等十几座大中型水闸;形成了洪泽湖、骆马湖等一批大型湖泊型水库,初步筑起了防洪挡潮的安全屏障。

这是一个标志性的时刻,中华人民共和国水利建设事业的第一批大工程由此拉开了序幕。

顶层设计第一策:蓄泄兼筹

为了落实治淮方针,《决定》确定了两项重要原则:一方面尽量利用山谷及洼地拦蓄洪水,一方面在照顾中下游的原则下,进行适当的防洪与疏浚。政务院提出了治淮"蓄泄兼筹"的方针,符合淮河流域的实际情况,使根治淮河工作有了可靠的政策保证。

所谓"蓄泄兼筹",就是指在排水、泄水的同时,适当注意蓄水。它包含着蓄水方法和泄水方法的配合运用,旨在使水利事业实现多目标互相结合,达到有利于农业生产之目的。"蓄泄兼筹",就是要求上、中游能够蓄水的地方,尽量兴办蓄水工程,削减下泄洪水量,促进中、下游河道尾闾工程的建设,使防洪与防旱相结合;要确保豫、皖、苏三省的安全,就是要求防止只顾局部、不顾全局的情况,消除以邻为壑的矛盾;要互相配合，互相照顾，就是要求在统筹规划之下，上、中、下游的工程必须按照水量变化决定施工次序，避免地区间的矛盾。过去治水多以行政区划切块治理，以邻为壑的教训是深刻的。国家推出"蓄泄兼筹"的治淮方针，准确地表达了治水的原则，结束了长期以来关于治水方针问题的争论。

为了统一治淮工程的领导并贯彻治淮方针，中央人民政府决定以原淮河水利工程局为基础，筹组治淮委员会，由华东、中南两地军政委员会及有关省、区人民政府指派代表参加。1950 年 10 月 27 日，周恩来主持第 56 次政务会议，任命曾山为治淮委员会主任，曾希圣、吴芝圃、刘宠光、惠浴宇为副主任。

11 月 3 日，周恩来在讨论水利部部长傅作义的《关于治理淮河问题的报告》时指出：根据国家财力、物力等实际情况，治理淮河的原则：一是统筹兼顾，标本兼施；二是有福同享，有难同当；三是分期完成，加紧进行；四是集中领导，分工合作；五是以工代赈，重点治淮。治淮的总方向是：上游蓄水，中游蓄泄并重，下游以泄水为主。从水量的处理来说，主要还是泄水，以泄洪入海为主，泄不出的才蓄起来。

周恩来强调，这次治水计划，上下游的利益都要照顾到，并且还应有利于灌溉农田，上游蓄水注意配合发电，下游注意配合航运。

1950 年 11 月 6 日，治淮委员会在蚌埠正式成立，分设河南、皖北、苏北三省（区）治淮指挥部，负责规划和领导淮河流域的水利工作，并在蚌埠召开第一次全体委员会议。会议听取了各有关部门关于淮河上、中、下游工程的初步计划，并决定从三个方面着手。

首先，解决旱的问题，那就是工程蓄水，把淮河流域暴雨为害的洪水存蓄起来。此举既可以在洪水暴发时形成滞蓄，防止"大雨成灾"，又可以保障灌溉、航运、发电的用水。

其次，采取工程疏浚法（包括复堤、开挖引河和灌溉渠、新河道），把干支流进行贯通，解决洪水畅泄困难，防止洪水时期的泛滥。

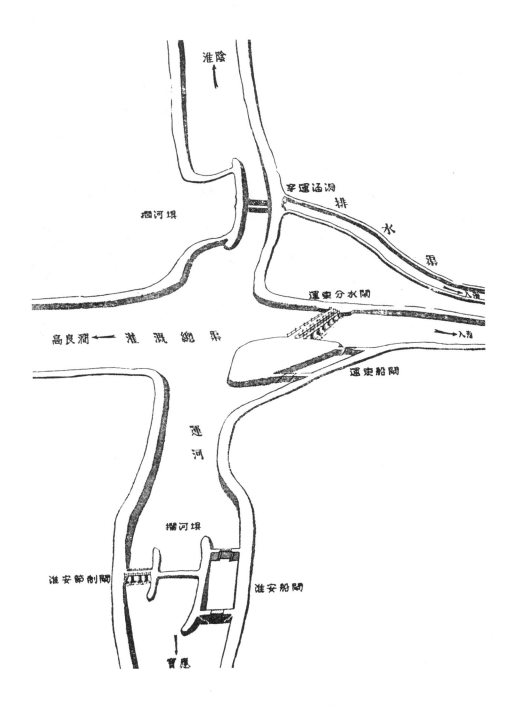

淮安灌溉分水工程示意图

曾山在第一次治淮委员会会议上报告治淮工作方案

第三，用开挖沟洫、挑塘凿井、筑堰打坝等办法发展地面上的水利工程。这些工程不仅可以满足灌溉需要，消除"无雨旱灾"的现象，还可以畅泄内河涝水，彻底解决内涝。

一个值得注意的现象是，治淮委员会提出治水的同时，还提出了要恢复植被、封山育林、在堤防上植树种草、在山区推广梯田、改良耕作方式方法等配套建设的新观念、新举措。

经过反复商讨，会议拟定了第一年根治淮河的工程计划及财务计划，规划制定了淮河上、中游蓄洪、复堤、疏浚、沟洫及涵闸等工程的规模、步骤，并提供了关于淮河入海水道的初步意见，统一了河南、皖北、苏北三地的土方单价和财务概算。

就这样，在治淮委员会的具体领导下，中华人民共和国成立以来的第一个大型的水利建设工程——淮河治理工程正式启动。

精准施治第一役：拦蓄洪水

1950 年 11 月，第一期治淮工程正式开始。这期治淮工程是在 1950 年大水灾后河道堤防遭受严重损坏的情况下开始的，因此工程目标侧重于防洪排洪。

上游试修山谷水库，旨在取得经验；中游利用正阳关以上八个湖泊洼地拦蓄洪水，并在润河集建筑分水闸作为淮河中下游洪水的总控制机关；正阳关以下的淮河全线及苏北里运河地区进行筑堤、培堤工程，配合润河集控制拦蓄洪水工程，使正阳关以下平原地区初步获得安全保障。

治淮委员会决定，第一期治淮工程主要有三方面的任务：（1）在淮河上游河南境内修建山谷水库和洼地蓄洪工程；以洪河、汝河、颍河等河为重点将淮河上游 20 余条干支河加以疏浚和整理；在伊阳、泌阳等地建造谷坊以保持水土；（2）在淮河中游皖北境内的润河集建造控制淮河干流洪水的大型分水闸，培修淮河干河和重要支河的堤防，疏浚濉河和西肥河等

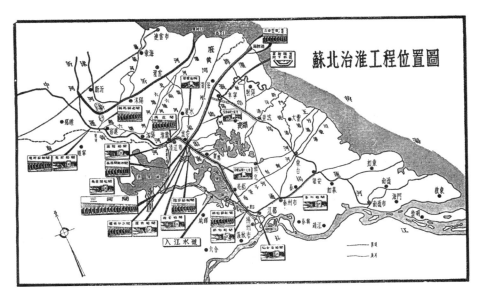

苏北治淮工程位置图

重要支河；（3）在淮河下游苏北境内主要培修运河堤防。

1951年7月，治淮第一期工程完成。除完成石漫滩山谷水库和润河集蓄洪分水闸工程之外，还完成了复堤、疏浚、沟洫等土方工程1.95亿立方米。工程遍及河南、皖北、苏北的13个专区、2个市和48个县，动员民工达300万人，来自全国各地参加建设的工程技术人员在1万人以上。

这样大规模的治淮工程能在短短8个月内完成，堪称新中国水利建设史上的奇迹。1951年9月，治淮委员会在总结治淮第一期工程成绩时指出：工程的总量，包括修筑堤防2191千米，疏浚河道861千米，水库3处已经动工，其中1处已经完成，湖泊洼地蓄洪工程12处、大小闸坝涵洞92座都按期完成。这些工程在当年的抗洪排水中发挥了一定作用。

治淮工程第一法：江海分流

1951年7月底，水利部召开第二次治淮会议，在讨论淮水入海入江

问题上出现了一次规模不小的争论。长期以来，人们普遍认为，必须扩大洪泽湖洪水出路，以保证其防洪安全。那么，洪泽湖洪水出路究竟如何扩大？淮河洪水全部入江或全部入海都不太可能，是以入江为主、入海为辅，还是以入海为主、入江为辅呢？

考虑到淮河流域水旱灾害频仍、且旱时多于涝时的实际，经过几番争论，治淮委员会重申了上中游以蓄水为主、淮河与洪泽湖分开入江等治淮原则。也就是说，最终确定要以入江为主，入海为辅。会议还对1952年治淮工程作了明确规定：除大力进行群众性的水土保持和沟洫工程外，上游主要工程仍着重于蓄水，兼及河道整理工程；中游着重蓄水和内水排除工程；下游进行灌溉渠的修筑和防洪工程。这次会议后，治淮工作开始进入更大规模的治理阶段。

1951年11月，治淮第二期工程正式启动。如果说治淮第一期工程大部分是为了消除淮水造成的洪涝灾害，那么第二期工程就必须结合兴利，将主要着力点放在建筑工程方面。

白沙水库施工全景

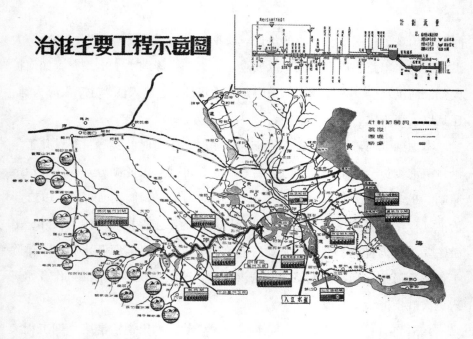

治淮主要工程示意图

　　第二期治淮工程中有两项重要工程：一是淮河中游佛子岭水库，二是苏北灌溉总渠。治淮既要除害又要兴利，兴修水库是既除害又兴利的好办法。1952 年 1 月，淠河上游佛子岭水库开工。该水库是淮河中游、淠河上游的一个巨型山谷水库，其主要工程是修建一座连接两山，长达 530 米、高 70 米的钢筋混凝土的空心拦河大坝。这座拦水坝的坝基深植在地面 19 米下的花岗岩层上。建筑这样的连拱坝需要先进的工程技术水平。

　　在当时物资贫乏、资金短缺和施工技术落后的情况下，水库建设者发出了"与连拱坝共存亡"的誓言，掀起了学技术、学文化的热潮。他们边学习，边设计，边施工，创造了"分区平行流水作业法"等技术革新 400 多项。1954 年 10 月，佛子岭水库大坝竣工，成为中华人民共和国成立后治理淮河水患的第一座大型水利枢纽工程。

开挖固定河槽与新引河间的沟通处

第三章

初战

复堤工程进行中的一角

初战

第一节　导沂整沭：书写苏北治水史上新的一页

不熟悉淮河历史的人，往往都认为治淮是从 1951 年 5 月毛泽东发出"一定要把淮河修好"的伟大号召后开始的；也有人认为是从 1950 年 10 月 14 日政务院颁布实施《关于治理淮河的决定》后开始的。其实，早在 1949 年就打响了淮河大规模治理第一仗。1949 年 9 月，苏北导沂整沭（即治理沂河和沭河）司令部正式成立，10 月正式动工。

流经苏北地区的沂河和沭河均发源于山东沂蒙山区，下游经苏北里下河地区出海。沂、沭两河流经山东和江苏两省 20 多个县（市），流域面积 3.2 万多平方公里。这两条河道原为淮河尾闾的支流，然而自从黄河夺泗夺淮以后，内部水系被打乱，失去了入海出路，洪水经常泛滥成灾，持续了几百年。沂河和沭河上游为山东南部的丘陵山区，加之流域中降水比较集中，常出现来水快、洪峰高、流量大、陡涨暴落的情况。每逢山洪暴发，下游排泄不及，极易溃决成灾。沂河和沭河流经苏北平原地区时呈现出"L"型入海，导致洪水在苏北平原上兜圈子，进一步加深了当地的水患。

自公元前 11 世纪的周朝到中华人民共和国成立的 3000 多年间, 沂、沭两河有记载的较大水灾就达到 400 多次。黄河夺淮期间, 下游水灾平均两年一次; 清朝和民国年间, 水灾几乎年年都会发生。1931 年, 淮河暴发大洪水, 沂河、沭河多处决口, 被淹农田面积多达 1300 多万亩, 受灾人口达 350 多万人。1937 年, 沂河洪水泛滥, 流域尽成泽国, 水深达到 1.5 米左右, 邳县县城被迫堵塞城门, 以防洪水入城。1945 年起, 连续四年大水, 雨量之大、水位之高, 皆打破以往纪录, 灾情十分严重。广大群众背井离乡, 外出逃荒要饭, 鬻儿卖女者不计其数。

苏北治水第一仗

1949 年 8 月上中旬, 沂河、沭河洪水暴发, 堤防决口 150 多处, 苏北平原顿时洪水漫流。据《淮阴水利志》记载, 有 927 万亩农田被淹, 损失粮食 3.1 亿公斤, 倒塌房屋 25 万间, 淹死牲畜 2000 多头。共有 750 人死伤, 250 万灾民靠人民政府救济为生, 240 万灾民生活无着, 被迫外出逃荒。

当时的中共苏北区党委把当地的严重灾情火速上报北京。毛泽东看了灾情报告, 立即签发回电: "现在解放了, 如果不认真治水, 根治水害, 政权就无法巩固。应抓紧当前战争刚刚结束的有利时机, 采取以工代赈的办法, 积极着手治水……全力组织人民生产自救, 以工代赈, 发动群众, 积极着手兴修水利, 以清除历史上遗留的祸患。"

1949 年 11 月至 1950 年 1 月, 华东水利部在徐州和上海分别召开会议, 肯定了江苏和山东两省提出的治沂必先导沭而后泗、运, 及沂、沭、泗分治, 沂、沭河分道入海的治理方针。会议确定整沭以山东为主, 江苏为辅; 导沂以江苏为主, 山东为辅; 同意了工程的整体布局及主要设计指标, 将其统称为"导沂整沭"工程。当年 11 月 13 日，中共苏北区党委、苏北行政公署和人民解放军苏北军区司令部联合发出《苏北大治水运动总动员令》，要求把治水作为压倒一切的中心工作，号召全体党政军民动员起来，以紧张的战斗姿态，组织一切力量，投进这一巨大的运动中去。苏北行政公署组织工程技术人员与水利专家，经过反复勘查论证，形成了打响苏北治水第一仗的整体思路，即决定从沂河流经的骆马湖开始，利用部分原河流，重挖一条季节性大河，用于夏季排水，仍然从灌河口入海。这条河便叫"新沂河"。简而言之，就是要在苏北平原上开挖一条横贯东西的洪水入海大通道。

山东境内的整沭工程自 1949 年 4 月 21 日开工，经过先后 10 期的施工，至 1953 年 11 月 24 日结束。因此，"导沂整沭"工程可以说是中华人民共和国成立后江苏省大规模治水的第一仗。

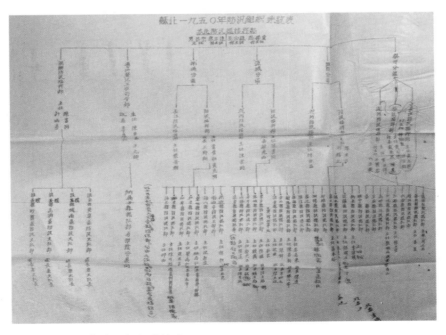

苏北1950年防汛组织系统表

治淮导沂救滴仓

新式节制闸

治淮导沂谷满仓，苏北平原好风光

新沂河一角

"导沂整沭"工程工地

当中华人民共和国开国大典的欢庆声犹在耳边时，源自江苏的"导沂整沐"工程就已经开始了。虽然连年水患造成粮食奇缺（当时仅宿迁一县就有 18 万多人断粮），但整治沂河是当地人祖祖辈辈的夙愿，所以群众仍然踊跃报名参加。参加"导沂整沐"工程的 70 多万名干部群众为了家园更美好，不怕辛劳，奔赴工地，挑担推车，为治理淮河贡献着自己的力量。

苏北的工程涉及 10 个县（当时的区划），有 70 多万名群众参与，其中女工近 3 万人。那是一场艰苦卓绝的向大自然宣战的人民战争。工程施工刚开始就进入了冬天，70 多万劳动者只有国家发放的 15000 多条棉被，其他都是民工自带的各种取暖物品；还有 10 万多人没有鞋子、没有棉袄。民工们干活时，赤脚站在冰冷的泥水里，穿着单衣挑泥运土；休息时，用自制的"毛窝子"焐脚，聚在一起御寒……虽然条件异常艰苦，但广大工人依然坚持吃住在工地上，没人叫苦喊累，万众一心，积极劳动。伴随着

民工们在炎热的阳光下开凿溢洪道

迎风招展的红旗和广播里播放的激昂歌曲，人人一锹锹地挖泥，一车车地推土垒堤。

"导沂整沭"工程是中华人民共和国成立后的第一个大型水利工程，也是苏北地区在解放战争的隆隆炮声中开始的大规模治水第一仗。苏北行政公署为此成立了苏北导沂整沭工程司令部、政治部。中共淮阴地委书记李广仁任司令员兼政委，淮阴地区专员陈亚昌、省水利厅农水处副处长熊梯云等为副司令。这是中华人民共和国成立至今唯一一个以"司令部"名称组建起来的、成建制的、由广大民工们组织起来的水利施工队伍。

治水翻身，干劲冲天

苏北导沂整沭工程司令部为每个县划分一段工程，并按编制在每个县成立一个总队。总队下面是大队，大队下面依次是中队和分队。当时分别有泗阳、涟水、沭阳、宿迁、灌云、淮阴等10个总队。此外，参加施工的还有解放军苏北军区淮阴军分区的战士们。仅以灌云县总队为例，该队下辖15个大队，第一期冬季工程中共有民工和杂工2.45万人，春季工程有32.9万人。大队下面依次是中队、分队。其中，分队是基本单位，任务层层分包到每一个分队。分队实行包工制，明确任务，按人负责。分队将队名、桩号、长度、人数、土方数、队长姓名填表统计，以便考核。每个分队内部再分成小组，每组15人左右。每个小组都会搭建芦席棚，用于晚上睡觉。靠近门口的地方会支起一口大铁锅，有专人负责担水、做饭，俨然一个"临时大家庭"。

当时，国家保证每位民工每天食粮3.2斤。实际上，每位民工能得到的粮食要远远多于这个数字。仅第一期"导沂整沭"工程，国家就调拨大米3000万斤，并将渡江战役中剩余的军粮也全部调给苏北地区用作救灾、治水之用。此外，苏北导沂整沭工程司令部根据上级指示，在确保所有民工的生活都有保障的同时，还人性化地规定：民工因故返家，来回都要发给路粮；遇到阴雨天无法施工时，还有补助粮。激励民工多挖土多得粮，每多挖一方土，国家发给 2.25 斤粮食。此外，还鼓励民工自带蔬菜、山芋干、豆饼、玉米、高粱等食物，号召大家自带小石磨，自磨粗粮，吃"大锅饭"。

就这样，虽然挖河工程施工时正处在大灾之年，但民工们不仅能吃饱，而且能吃到热乎乎的饭菜，更可以多挣些粮食送回去，养活一家老小。对此，民工们非常感激共产党、感谢新政府，个个干劲冲天，人人力争提前完成任务，工地上涌现出了许多模范人物。

这是一个奇迹：翻身解放了的苏北地区农民，仅用 7 个多月的时间，便在苏北大平原上挖出了一条长度达到 370 公里的新沂河。在新沂河开挖过程中，司令部从实际情况出发，采取"筑堤、束水、漫滩"的行洪方式，确保施工的正常进行。整个工程共完成土石方 3645 万立方米。第一期工程设计排洪流量 3500 立方米 / 秒。

新沂河的开挖如期完成了。1950 年汛期，新沂河胜利地通过了 5 次洪水的考验，使两岸 1 万多平方公里地区免受洪水威胁。汛期过后，周恩来在全国水利会议上听到苏北导沂整沭工程的相关汇报时，给予了高度的评价。

载入史册的"治水英雄"

整个苏北导沂整沭工程历时 5 年，得到了国家的高度重视和全国各地的有力支援。苏北治淮指挥部先后动员扬州、淮阴和连云港 3 个专区 37 个县（市）的群众和技术人员参加施工。全部工程共完成各类土石方 4827 万立方米，修筑大小堤坝 800 余公里，开挖各大小支流河道 85 公里，

锦旗

并完成沭河拦河坝、溢流堰、穿沭涵洞等各种建筑 53 座，开支经费 4500 万元（折价 1.5 亿公斤小米）。工程既艰巨，又宏伟壮观。

在导沂整沭工程施工中，前来参观的众多中外专家都为中国人民在解放战争尚未结束、经济尚未恢复的情况下能进行这样的伟大工程而感到由衷地钦佩；对广大翻身农民用土车、扁担、铁锹、镐头等简单工具就能完成这样艰巨的工程而赞叹不止。

导沂整沭工程对苏北地区摆脱贫困、发展经济、提高人民生活水平起到了决定性的作用，得到了中央及省市领导的大力称赞。导沂整沭工程中涌现出了一大批劳动模范、治水功臣等先进人物和先进集体。其中，特等功臣 4 人，一等功臣 48 人（其中干部 13 人）；一等先进集体共 12 个中队、9 个分队、30 个小队。特等功臣赵金科、王大筐（王兴业）、尤庆兰（女干部）等都是英模人物的代表。

在导沂整沭工程施工期间，有许多国内外的著名人物先后莅临工地视察、指导工作或体验生活。1953 年秋，水利部部长傅作义来到工地，先后查看了沭河拦河大坝、人民胜利堰、牛腿沟穿沭涵洞等工程，充分肯定了导沂整沭工程所取得的伟大成就。

1954 年 10 月被评为治淮模范的王学贵是当时扬州宝应县夏集区郑蒋乡郑渡村人（今属柳堡镇），号称"王大锹"，是"一个人挖，八个人挑"的劳动英雄。

时任南京市市长的刘伯承也发来热情洋溢的贺电，称赞导沂整沭工程是苏北历史上新的一页。

随着导沂整沭工程的逐步开展和陆续完成，1953 年 2 月，苏北导沂整沭工程司令部改为江苏省导沂整沭工程委员会。1953 年 12 月，该机构根据治淮委员会的通知被撤销。

第二节 苏北灌溉总渠：幸福的通衢水道

这是一条流淌着不尽情思的河流，宛如一条巨龙横卧在江淮大地上，头部朝东伸入浩瀚的黄海，尾部向西紧连着宽阔的洪泽湖。多少年来，它用涓涓清流滋润着两岸广袤的土地，支撑着社会经济的快速发展。它的建成，使得桀骜不驯的淮河洪水顺从着人民的意志沿槽归海，不再似脱缰的野马为害一方……这就是横亘在江淮平原上长达168公里的苏北灌溉总渠。

让我们把历史的一页翻回到70多年前，去寻找苏北灌溉总渠的前世今生。

苏北灌溉总渠

动议：分流入海

黄河夺淮入海之后，抢夺淮河的水道作为出海口，导致淮河河床淤高，日渐堵塞，从而使洪泽湖以下的淮河自此无入海口，成了悬在淮安人民头上的利剑。洪泽湖的水只好另谋出路，改道下泄，形成了今天的淮河入江水道。

在苏北灌溉总渠没有开挖之前，洪泽湖水大部分沿着入江水道，经由高邮湖至江都三江营，最后流入长江。然而，一旦淮河之水泛滥，洪泽湖的容量就难以承受，当水位超过警戒线时，往往会被迫开闸泄洪，造成处于淮河下游的苏北里下河地区出现严重水患。因此，苏北里下河地区素有"洪水走廊"这一令人听来胆怯的称谓。

据有关资料记载，从明朝后期到1950年的400多年间，洪泽湖之水给苏北里下河地区人民带来的灾害多达50余次。其中，尤以1931年8月发生的大洪水最是骇人听闻。当时，苏北里下河地区陷入一片汪洋之中，低洼地区的平均积水竟然达到1.5米以上。直到当年农历十一月初，洪水才逐渐退去。

1950年7月,淮河再一次发生严重水灾。当年6月26日至7月20日,淮河上游地区阴雨连绵，共出现了3次阶段性暴雨。第1次暴雨在6月26—30日,雨区在淮河上中游及徐淮地区;第2次暴雨发生在7月2—5日,雨区在淮河上游干流两岸;第3次暴雨发生在7月7—19日,雨区在苏北、皖北等地区，最大暴雨量超过了356.2毫米。淮河流域连续性暴雨，造成了严重的洪水灾情。

当时，中共皖北区党委和中共苏北区党委（安徽、江苏当时都还未建省）分别向党中央和华东局拍发了灾情报告。报告中说，这场大水淹没了几千万亩庄稼地，受灾人口达到2000多万,两区共有600多万人逃离家园。面对灾情，党中央当即发出批示：除目前防救外，须考虑根治办法，现在

一定要把淮河修好

开始准备，秋起即组织大规模导淮工程，期以一年完成导淮，免去明年水患。请邀集有关人员讨论：（一）目前防救，（二）根本导淮问题。

据记载，1950年的这场淮河大洪水直接导致洪泽湖以上沿淮干流决口10余处，蚌埠以上地区阜南、阜阳、临泉、颍上、太和、凤台、怀远等地顿时成为一片汪洋。而位于淮河泄洪通道上的苏北里下河地区，更是洪水汹涌，浊浪翻滚，十数里不见边际。近河的村庄全部被淹，仅见树梢。据统计，这场大洪水导致淮河流域成灾面积多达4697万亩，受灾人口超过1300万人，倒塌房屋89万间。沿淮河流域大批百姓流离失所，讨荒要饭，灾民遍及半个中国。

一时间，治理淮河、保卫家园，成为当时国人的共识。1951年7月20日至8月10日，水利部在北京召开第二次治淮会议。会议决定修筑一条从洪泽湖至黄海的以灌溉为主、结合排洪功能的干渠，以代替淮河入海水道。此干渠即为苏北灌溉总渠。

苏北灌溉总渠全面开工

誓师：让淮河"翻身"

苏北灌溉总渠西起洪泽湖，东至扁担港口（即今滨海县境内的苏北灌溉总渠入海口），横贯淮安、盐城两市，全长168公里。该项工程由苏北治淮工程指挥部组织施工。同时在总渠北堤外平行开挖排水渠一条，用于排除总渠北部地区的内涝。

1951年11月2日，苏北灌溉总渠全面开工。这是翻身解放后的淮北平原和里下河地区农民在党中央领导下，第一次组成大兵团，向大自然宣战。战幕拉开，来自淮阴、盐城、南通、扬州等专区数十个县的119万多名男女民工们昂首阔步，开赴工地。一时间，在西到洪泽湖畔、东至黄海之滨全长168公里的工地上，红旗招展，一片欢腾。在群情振奋的誓师大会上，在雪片般的倡议书、挑战书、决心书上，民工们喊出了50年代的最强音："我们如今翻了身，也要让淮河翻个身！""长城是人修的，总渠是人挑的！"

苏北灌溉总渠全面开工之时，正值隆冬，冰天雪地，北风呼啸，给施工带来了极大的困难。被冻实的土地如同铁板一块，一镐下去，一个白点；一锹下去，一道白痕。但是，地再硬，没有民工的骨头硬；困难再多，没有民工的办法多。整个工地群情激昂，捷报频传。泰县总队港口大队沈焕林小组在冻土上先打开一个洞，凿开一条缝，再用扁担、大锹连成一气往上撬。被撬开的冻土盖大的有二三百公斤，小的也有百十公斤。通过这种办法，他们每人每天可挖运冻土达2.8立方米。

冻土层终于被民工们征服了，但其他困难却接踵而至。当时，大雪封堤，上下坡困难，一度又影响了运土进度。淮安、宝应、涟水等总队的民工采用铲雪铺草的办法解决了这个难题。民工们"上坡如背纤，下坡似放箭"，上下穿梭，施工速度丝毫没受影响。在淤土段施工，锹不好挖，筐不好抬，也无法筑堤。高邮县承担的8公里长的工地上竟然有7公里长的

开挖总渠

高良涧进水闸完工

高良涧施工现场

即将胜利完工的灌溉总渠

完工后的灌溉总渠

冰冻积水。面对这条拦路的泥龙，5000多位民工发扬志愿军战士不怕牺牲、英勇作战的革命精神，卷起裤腿，跳进泥浆，打堰戽水。在春寒料峭的季节里，他们白天一身汗水加泥水，夜晚又变成一身冷水，就是靠着这种忘我的工作精神，保证了工程进度。

当时，苏北灌溉总渠的工地上到处呈现出一片红旗招展、人欢马叫、川流不息的热烈劳动场面。当政务院、治淮工程团的有关领导及苏联专家来到工地视察时，无不为民工们这种冲天的干劲所感动。在场的一位苏联专家用生硬的中国话连连赞道："中国的农民真了不起，了不起！"

开挖苏北灌溉总渠，尽管只有短短的80多天，但许多民工却在这项工程中尽显英雄本色。他们是解放了的翻身农民，在这场战天斗地的活动中自然会爆发出无尽的激情，他们当中的一些人也自然会成为英雄模范人物。

一位普通的农民刘成亮，在工地上也不过是带领19个人的小组长，然而正是他研究出了"人、锹、担"三不闲劳动组合方法，使劳动效率迅速提高。35天的河工挖泥工作量，他们仅用短短的16天就提前完成。接着，刘成亮又带领着大伙儿提前投入春季工程，结果把两季工程一次就提前完成了。刘成亮被评为工地上的特等劳模后，他想到的第一件事，就是托人写信向伟大领袖毛主席报喜。

不仅如此，苏北灌溉总渠工地上还开展了"万户千村爱国劳动大竞赛"活动。一时间，人人参与，活动搞得热火朝天。竞赛中，高邮县的翟永丰小组每天人均挖土量由2.5立方米猛增到3.2立方米。他们说："红旗插在我工地，眼光放在全专区。保夺红旗不相让，争先完成当模范。"这些豪言壮语，充分表达了工地民工们个个争先立功、人人争当劳模的豪情壮志。

就像当年车轮滚滚支援前线一样，后方各级领导、各界人士也都心往工地想，力往工地出。治淮沿线许多工厂的工人，夜以继日工作，为工地上赶制劳动工具；一支支防疫队、医疗队深入工地，送医送药，确保民工身体健康；在市县建筑部门的专家指导下，工地上的民工们搭盖了"'人'

字式""桥洞式""道帽式""老虎大张嘴式"等各式各样的简易工棚,供民工遮风避雨。为保证民工生活,各市县先后组织了10多万人的运输大军,给工地送粮、送草、送菜。

苏北地区的百万民工们,不顾天气寒冷,抢晴天、战雨天,斗志昂扬,争分夺秒。一锹锹、一担担、一车车,硬是在西起洪泽湖、东至扁担港口的苏北大平原上开挖出了一条高程 –2.0 米、河坡比 1:3、青坎宽 3 米、流量为 700 立方米 / 秒的人工河。全部工程于 1952 年 5 月底完成,共挖土 7320 万立方米。

1951 年春天,水利部部长傅作义到治淮工地视察,沿途热火朝天的治淮场面深深地感动了他。回到北京后,他还时时回忆起在治淮工地上的所见所闻,不由心情激动,感慨地写道:"今年四五月间,我曾到淮河工地视察一次……我看见几十万农民集中在一起工作,秩序井然,有条不紊;我看见几万张锹,几百架碰,在一个号令下,一齐操作……我看见凭劳动人民的双手,平地修起蜿蜒的千百公里长堤和巨大雄伟的建筑……有了毛主席和共产党,我们不仅能够治好淮河,我们能够做好一切应该做好的事情。"

总渠运东闸

壮举：变“水灾”为“水利”

苏北灌溉总渠建成后，举世震惊。它向全世界表明：中国共产党不仅可以领导人民推翻“三座大山”，而且也能领导人民创造一个富强民主的新社会。

1952年5月5日，在北京参加世界工联会议的部分代表专程前来参观苏北灌溉总渠。捷克、波兰等国代表在参观后感叹不已。他们说：“像这样的大河，全凭人工开挖，在我们国家是难以办到的。”当年10月下旬，参加亚洲及太平洋区域和平会议的加拿大、美国、日本、马来西亚等国代表61人连续四天参观了苏北灌溉总渠、运东分水闸和其他设施。面对浩大的土建工程、宏伟的建筑物，他们激动地说：“中国人民正在靠自己的双手，修筑着一条幸福的通衢水道。”友人们连称：“中国共产党伟大，中国人民勤劳、勇敢、光荣！”

客人们所到之处，受到了当地人民的热烈欢迎。如正在修建高良涧进水闸的工人们得知各国工人代表莅临参观时，都报以热情的欢呼与雷动的掌声。客人们细心地参观各项工程建设，并详尽地询问有关工程建设的问题。蒙古、波兰等国的工人代表们将他们的会员证赠送给治淮劳动模范姚澜英等人，以表达他们对治淮劳动模范的热爱。

苏北灌溉总渠是中华人民共和国成立后开展的一项全流域性的淮河治理重点工程。从那时起，彻底改变了数百年来黄河、淮河并患苏北大平原的局面，从根本上实现了变“水灾”为“水利”。今天的苏北灌溉总渠，河面上运输船只来往如梭。两岸大堤上的树木像排列整齐的卫兵护卫着淮河水安全入海；大堤下便是里下河平原360多万亩良田和安居乐业的百万居民，满眼皆为绿色生态家园，似一幅人水和谐的新画卷。

第四章

迁扬

治淮大礼堂

迁扬

1949 年 1 月 25 日，扬州城迎来了解放。4 月 21 日，苏北行政公署（省级行政机构）在泰州市成立，下辖泰州、扬州、盐城、淮阴、南通 5 个行政区、41 个县市。1950 年 1 月 13 日，苏北行政公署由泰州移驻扬州。从此，扬州便开始成为苏北地区的政治、经济和文化中心。

安家巷的前世今生

在建设新中国的火红年代里，中共苏北区委和苏北行政公署积极响应毛泽东主席发出的"一定要把淮河修好"的伟大号召，为苏北治淮总指挥部从淮安迁驻扬州提供了诸多方便，用实际行动支持淮河治理。政府将安家巷至北城根（现为盐阜东路）一带方圆 60 多亩土地，连同千年古刹准提寺，一并划给苏北治淮总指挥部，作为办公用房和生活基地。

一时间，小小的安家巷吸引了全城百姓的目光。

有关苏北治淮总指挥部旧址的文字说明

今天，在扬州老城区的核心地带有一条著名的国家历史文化古街——东关街。从东关街西端往东行数百米，左侧有路口通往一条小巷，这小巷便是在扬州历史上很有名的安家巷。

安家巷，因大盐商安岐曾经在此居住而得名。安岐，别号松泉老人，生于康熙二十二年（1683），卒于乾隆十年（1745）。安家祖籍朝鲜，早年随贡使进京。因其精明干练，为康熙年间的著名权臣纳兰明珠所赏识，成为明府大管家。安家祖上除了管理明府家务外，还为主人经商。安岐最初在天津帮助父亲经营盐业，后搬至扬州继续从事盐业，是两淮盐商的总商之一。

当时，两淮盐商每年运销外地的盐多达 168 万引（每引 400 斤），其中仅安家就有 30 万引。这些数量庞大的盐经京杭大运河运输到全国各地后，再按清政府规定的价格进行销售，两淮盐商收获的利润之高，令人咋舌。据记载，清乾隆时期，扬州的商贾家产非数十万两者不敢称富，其中最富者便是盐商。安岐之殷实富有于此可见一斑。

康熙二十七年（1688），明珠因"朋党之罪"被罢黜。安岐花钱消灾，从此深居简出。安岐死后，安家也随之衰落，后人只能依靠变卖祖上家产度日。如今，不仅安家的房屋建筑荡然无存，其后人也已不知所踪。

如今的安家巷，其规模与历史上的安家巷相比，真是"小巫见大巫"了。根据民国年间的说法，当年的安家巷有"七十二条"之多。也许这所谓的"七十二"只是一个虚数，但仍能想象出安家的建筑规模之大。现存的"前安家巷"和"后安家巷"在当年不过是两条东西向的直通广储门大街的道路。

从安家巷到治淮新村

如今，偌大的扬州城内分布着数百个居民小区。这些居民小区的名称或高雅，意喻文曲；或含金嵌银，非富即贵。有一个居民小区却与众不同，其北接盐阜东路，南依东关街，西靠个园，东临东关古渡。仅从该居民小区的名称，便能联想到其所包含的意义，这就是位于市区盐阜东路8号的治淮新村。

治淮新村之名，源自毛泽东1951年发出的"一定要把淮河修好"的伟大号召。治淮新村就在当年的苏北治淮工程总指挥部所在地范围内。如今，治淮新村内尚存有著名的治淮大礼堂。

1950年10月，根据中央人民政府政务院《关于治理淮河的决定》精神，国家层面上的治淮委员会成立。同时，江苏省在淮安县成立淮河下游工程局，主管江苏境内治淮工程的规划设计、工程实施和管理，由治淮委员会和苏北行政公署双重领导。1951年1月，苏北运河工程局并入淮河下游工程局。是年 11 月，撤销淮河下游工程局，成立苏北治淮工程指挥部。指挥部的政委由时任苏北区委书记肖望东兼任，指挥则由时任苏北行政公署主任惠浴宇兼任。1952 年 1 月，更名为苏北治淮总指挥部，下设政治部、办公室、计划处、财务处、器材处、工务处、测验处等。同年 6 月，从淮安移驻扬州安家巷，与苏北行政公署水利局合署办公。1953 年 1 月，更名为江苏省治淮指挥部。1954 年，改为江苏省治淮总指挥部。1956 年 9 月，从扬州搬到南京，与省水利厅合署办公。1953—1956 年间，苏北治淮总指挥部先后由管文蔚、高峰等任总指挥，陈克天、蔡美江、胡扬等人任副总指挥。

当时的江苏省治淮总指挥部规模很大，不仅在安家巷和东关街丁字路口西侧的治淮大院内有其下属机构，还在前安家巷东侧建有职工夜校，在前安家巷西侧建有医院（后为扬州市第四人民医院）和地质勘测总队的工作和生活基地。

当年，治淮总指挥部无疑是扬州城内规模最大的驻扬单位，高峰时期，

治淮新村南门

有 2000 多人在这一带工作、生活。在当地老人的记忆里，这个地方非常热闹，人来人往。平时很难见到的小汽车在这里却能天天看到。运气好的话，还能瞧见几位黄头发、白皮肤的"大鼻子"，那是国家花重金请来的外国水利专家。

漫步在治淮新村小区里，由盐阜东路治淮新村北大门一直往里走，很容易就会见到一座高大的坐南朝北的黄色老建筑，这便是当年大名鼎鼎的治淮大礼堂。

"治淮大礼堂""文化会堂""扬州××乒乓球俱乐部"……这是同一座建筑在不同时期的名称。对于不明就里的年轻人来说，大概是不会将这座建筑与当年那一场轰轰烈烈的治淮运动联系在一起的。然而，大多数 60 岁以上的"老扬州"都清楚，这些名称其实都是指向眼前的这座老建筑，它最早的名字就叫"治淮大礼堂"。

治淮大礼堂始建于 20 世纪 50 年代，可以说，它就是治淮工程的产物。当年，在毛主席"一定要把淮河修好"的号召下，淮河沿线有关省市相继成立了治淮指挥部。江苏治淮总指挥部从淮阴迁入扬州后，指挥机关就设在扬州东关街 282 号大院内，即今天的安家巷。因为工作的需要，江苏治淮总指挥部选择在附近的花旗所（即今治淮新村）内建造了这座礼堂。礼堂的规模在当时的扬州并不算最大，但它的建筑标准却是最高的。且不说内在质量，单论其造型，不仅端庄大气、富有民族风格，而且在一些细节的处理上尤其让人称道。比如礼堂里面的廊柱、地面均为彩色的水磨石，显得华丽而不俗气；礼堂两侧的窗户则为彩色的玻璃，并饰以深褐色的木条造型，相当精致。

礼堂落成后，苏北行政公署和扬州市机关的一些大型活动几乎都在这里举行。平时，除了召开大会、议事和进行表彰活动外，还经常有文艺演出。每逢有文艺团体来治淮指挥部进行慰问演出时，礼堂附近便热闹非凡，人头攒动，街道为之堵塞。当时礼堂里的那种热烈气氛，用今天的话讲，那

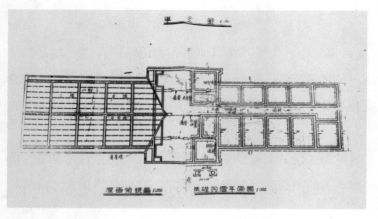

疗养所设计图

大礼堂新建房屋工程基本建设劳动计划表封面

大礼堂钢筋混凝土计算

大礼堂技术设计

叫"爆棚"。

20世纪70年代，有关部门考虑到治淮大礼堂的舞台太小，已无法满足需求，于是启动了礼堂的翻建工程，重点是扩建舞台和后台。翻建工程于1978年竣工，隶属于扬州市文化系统。至此，早已完成治理淮河这一历史使命的治淮大礼堂亦更名为"文化会堂"，功能定位主要为放映电影和戏剧演出。为了方便管理，当时还派生出了同名的管理机构，那就是1980年成立的文化系统科级单位——文化会堂。

从当年的治淮大礼堂到后来的文化会堂，再到如今被出租出去做乒乓球俱乐部球馆，名称和功能虽然变了，但不变的是它的根，是它对治淮工程的贡献。作为历史遗存，治淮大礼堂将永远留存在扬州人的记忆之中。

"治水名将"在扬州

根据时任苏北行政公署主任惠浴宇的回忆，苏联政府援华的著名水利专家布可夫也曾在治淮新村工作和居住过。在苏北治淮工程中，布可夫做出了突出贡献。苏北治淮工程的首期方案，就是布可夫和王元颐、陈志定等人一起制定的。此外，布可夫还和王元颐一起设计了苏北第一座大型节制闸。这座长700米、泄洪流量达每秒1.2万立方米的大闸仅用了9个月就完工了。

布可夫，俄罗斯人，苏联著名水利专家。1950年夏，中共中央作出了治理淮河的决定。1951年，布可夫受聘担任中央人民政府水利部顾问，长年在位于安徽省蚌埠市的淮河治理水利委员会工作。他不顾当时交通和生活条件的艰苦，经常深入到淮河流域的各险工要段进行实地勘查。当年4月，他先后来到盱眙、老子山、蒋坝等地勘察和研究淮河的治理问题。

1951年4月，布可夫陪同水利部部长傅作义勘查淮河入江水道、三河闸、洪泽湖大堤及里运河的险工段。布可夫以其高超的治水技术、不怕吃苦的精神和高度的责任感，很快编制好了《关于治淮设计图的初步报告》，并在治淮委员会于蚌埠召开的第二次全体委员会议上作了报告。

在江苏水利战线上有一名治水老战士，人们称他"治水名将"，他就是陈克天。1916 年，陈克天出生于江苏建湖县上冈镇冈东村。1938 年，他投笔从戎。经过抗日战争和解放战争的洗礼，他从一名游击队战士成长为解放军师级干部。中华人民共和国成立后，他先后任江苏省水利厅厅长和分管水利、农业的副省长，与水结下了不解之缘，把毕生精力都献给了江苏的治水事业。

1953 年 1 月，陈克天任苏北治淮总指挥部副总指挥。当年，陈克天才 30 多岁，风华正茂，既有带兵打仗的经验，又有做思想政治工作的本领。他积极向水利专家们学习，希望有助于工作的开展。他第一个去的工地就是位于洪泽湖边的三河闸建设工地，指挥这个"老虎口"工程的施工。

几百年来，洪泽湖一直听任淮河洪水自由出入。遇到大水年，上中游洪水倾泻而下，往往使苏北里下河地区的农田"一片汪洋"。而遇到了大旱之年，淮河断流，又会造成下游"赤地千里"。因此，建闸控制，发挥洪泽湖的蓄泄功能，成为治淮工程中人们关注的一大焦点。当时，三河闸是治淮工程中兴建的最大水闸，也是控制淮河洪水入江的主要设施，施工中遇到的困难数不胜数。

数目\\项目\\部别	第一行政费	第二行政费	基本工作费	合计	附注
办公室	119			119	
政治部	52	6		58	
监察委	4			4	
工务处	26			26	
财务处	117			117	
计划处	87			87	
管理处	15	369		384	
测验处	59		638	697	
党委会	16			16	
徐州专区治淮指挥部		150		150	
淮阴专区治淮指挥部		80		80	
盐城专区治淮指挥部		110		110	
扬州专区治淮工程处		31		31	
三河闸管理处		70		70	
工程大队部		789		789	
合计	495	1605	638	2738	

江苏省治淮指挥部人员组织编制统计表

鸡爪山在三河闸下游，这一带土中夹有砂礓土。原指望采取抽槽办法，在汛期利用水力冲走砂礓土。但陈克天认为该地土质太硬，水流难于冲刷，大水来了，势必影响泄洪，容易造成严重后果。于是，他征求各方意见，设计出了一个施工方案，上报省委后得到批准。1953年5月下旬，从淮阴和扬州两个地区新增的10多万民工日夜兼程，奔赴工地，与原有的5万多民工组成劳动大军投入决战。民工们日夜赶工，展开了"与洪水赛跑"的社会主义劳动竞赛，使工程迅速向前推进。三河闸工地方圆不过1.5平方千米，却集中了成千上万的民工大军。白天人山人海，夜晚灯火通明，劳动号子声、施工机械声和广播喇叭声交织在一起，响彻云霄，宛如一幅惊天地、泣鬼神的人民群众改造山河的壮丽图画。经过50多个昼夜的奋战，建闸大军终于赶在洪水前面完成了建设工程，为汛期排泄洪水铺平了道路。

　　1953年7月26日，三河闸隆重举行放水典礼。上午9时30分，剪

苏北人民行政公署水利局测验科全体同志合影

彩放水。顷刻间，欢呼声、锣鼓声、鞭炮声此起彼伏。汹涌澎湃的淮河水奔腾而下，流进了宽阔的淮河入江水道，直向远方，流入江海。

小巷频发施工令

扬州市档案馆馆藏的《治淮汇刊》卷帙浩繁，翻开其中纸张已经泛黄的《苏北治淮总指挥部组织机构表》，可以清晰地看出当年苏北治淮总指挥部的组织规模。苏北治淮总指挥部下设"八大处"，即秘书处、规划处、设计处、工务处、财务处、政治处、淮安办事处和海边工程处。在指挥部工作的干部和工程技术人员达到 618 人。这看似庞大的组织机构，其实绝大部分都属于为治淮一线服务的生产处室。其中，负责治淮具体工作的工务处人员最多，分为 1 个轮船大队、3 个工程队、2 个测量队和 1 个钻探队，有 299 人。此外，还在淮安办事处设 50 人编制，在海边工程处设 100 人编制，同时配备有秘书室、工务科和财会科，使之能够在远离治淮"大本营"的前提下，仍能正常运转。

如此计算下来，指挥部里的秘书处、规划处、设计处和政治处等后勤二线处室只有 62 人，仅占苏北治淮总指挥部全部人员的十分之一，真可谓是精干高效的指挥运作机构。

还原那个时候的指挥部布局，东关街 282 号大院坐落在安家巷丁字路口西侧，院落南为宅第，北为花园，院内有一个可供停车、休息的大广场。一幢五间两厢别墅式的独立庭院，坐北朝南，为总指挥室。院东有两座四开间的办公楼，前楼为设计处、财务处，后楼为工务处。总指挥室后有一座白色五开间大厅，为总工程师室。苏北治淮工程的绝大部分规划和设计蓝图均出自这里。苏联援华水利专家布可夫也曾到过这里。总工程师室的后面地势略低，原来是未建成的安家后花园旧址，后被规划为员工宿舍区，

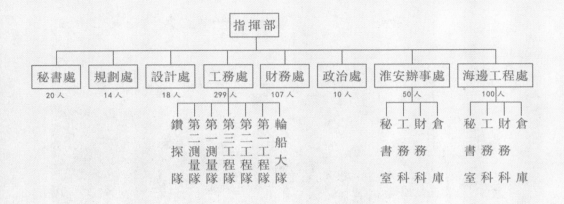

苏北治淮总指挥部组织系统表

盖起了一大片整齐的房屋。南面临街处有一排高堂大屋，为政治处所在地。

当年的治淮总指挥部职工夜校是一栋米黄色的老式二层建筑，骑楼过梁，厚重结实。如今，它虽然早已经变成了几家共用的小工厂，但仍旧可以瞧出当年的模样。站在夜校大院里，可以想见当年每到夜晚，治淮职工们背着书包，来这里读书学习的情景……

为建起配套齐全的治淮工程指挥系统，苏北治淮总指挥部对治淮新村进行了全面规划，大量植树绿化，大力美化环境。在第一期基建工程项目里就有两幢办公大楼和十几幢办公用房，形成了一座颇具规模的大院落。

俗话说："兵马未动，粮草先行。"规模宏大的苏北治淮工程一启动，各县市调动的民工人数就动辄上万、几十万，"粮草官"责任之重大于此可见一斑。然而，据记载，负责苏北地区治淮大军吃饭的粮供处，连主任带办事员仅有区区 29 人。搁在今天，这实在是令人难以置信。

此外，苏北治淮总指挥部还在各级组织机构层面采用准军事化的管理方式。在《秘书处人员编制表》中，苏北治淮总指挥部设有一名总指挥和

1951年5月，治淮委员会下游工程局测勘总队第四队断面组在万福桥工作

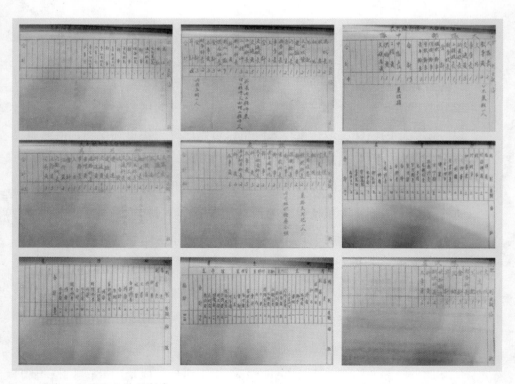

治淮工程总队人员编制表

三名副总指挥、一名政治委员和二名副政治委员，另下设文书科、总务科和交通科。其中，在"交通科人员编制"一栏中竟然还发现了"马车工人"这一早已经消失的古老职业。顿时，不由令人插上想象的翅膀：秋季的里下河平原，治淮的民工们坐在一辆辆马车上，欢声笑语，歌声悠扬——"长鞭哎，那个一呀甩哟，啪啪地响呀，沿着社会主义大道奔前方……"

在《治淮工程总队人员编制表》中可以看到：每县成立一支治淮总队，设正副总队长各 1 人、正副政治委员各 1 人，下设工程、交通、供应、卫生所、财务和审计等 14 个岗位，共 52 人。管理层呈现出"金字塔"结构，即管理人员少，施工队伍庞大。此外，还在公社和区一级设工程大队。从《治淮工程各大中队部编制表》中也可以看到：治淮大队部共有 13 个人员编制，包括了大队长、教导员、会计、宣传、保卫等 11 个工作岗位。

苏北治淮总指挥部搬迁扬州后，在大力开展淮河流域水利治理的同时，还积极支援扬州的地方建设，在城建、道路、桥梁配套建设等方面给予了较大帮助和支持。1956 年，苏北治淮工程总指挥部迁往南京，但大部分下属单位仍留在扬州。

第五章

会战

挖泥机船在疏浚河道

会战

第一节　整修里运河

京杭大运河流经北京、天津、河北、山东、江苏、浙江等省市，沟通了海河、黄河、淮河、长江、钱塘江五大水系。京杭大运河全程可分为七段：通惠河、北运河、南运河、鲁运河、中运河、里运河、江南运河。

朝鲜人笔下的里运河

明弘治元年（1488），朝鲜五品官员崔溥渡海回家奔丧，遭遇海难。在海上漂流 14 天后，他与同船的护军、仆人、水手等 42 人在中国浙江台州临海县境获救。他们在中国官员的护送下经大运河前往北京朝觐皇帝，之后又走陆路从鸭绿江返回朝鲜。

崔溥在中国一共逗留了 135 天，行程 4000 余公里，是明代行经京杭大运河全程的第一个外国人。沿途，崔溥处处留意，细细观察，心记笔录，回国后写成了《漂海录》,以记载他在中国的见闻。是书内容丰富,记载翔实,是研究明代政治、经济、文化、制度、民俗的重要文献,具有很高的学术价值。

据《漂海录》记载,崔溥从2月22日至2月26日途经扬州地域。其行程大致如下:

2月22日,至广陵驿,是日晴。……驿北一里,即扬州府城也。城中有府治及扬州卫、江都县治、两淮运盐司……

2月23日,过扬州府,是日雨。朝发广陵驿,过扬州府城。府即旧隋江都之地,江左大镇……沿运河而东而北……湾头关荒庙、凤凰桥墩、淮子河铺、河泊八塔铺、第五浅铺、税课局、四里铺、邵伯宝公寺、迎恩门。所过有闸二座。至邵伯驿,驿北有邵伯大湖,棹傍湖边二三里许,至邵伯递运所。因水涨风乱,不得夜过湖,故经宿焉。

24日,至盂城驿,是日晴。自邵伯递运所,沿邵伯湖新塘,过邵伯巡检司、邵伯镇、马家渡铺、三沟铺、腰铺、露筋烈女祠、露筋铺、王琴铺、八里铺。新塘石筑,长可三十余里。又沿新开湖,夜二更到盂城驿。

25日,过高邮州,是日阴。鸡报时,发盂城驿,过高邮州,州即古邗州。邗沟,一名寒江,回抱南北水路之要冲……至吴王夫差,始开邗沟,隋人广之,舟楫始通焉。

崔溥沿运河北上,因未入城观光,所以对沿运河集镇的人文景观记载较少。但他也概述了中国南北风俗的异同,可一窥当时扬州、邵伯等地的民风。如长江以南"市肆夹路,楼台相望,舳舻接缆",珠玉金银之产、农副产品之富"甲于天下";长江之北"若扬州、淮安……繁华丰阜,无异江南",读来令人兴趣盎然。

崔溥较为详细地记录了扬州运河段的状况,对运河上的堤坝堰闸等工程设施也作了记述,写到了邵伯湖、宝应湖、白马湖等。

里运河水患

　　大运河在江苏境内可以分为三段：从江苏南境到长江南岸的镇江称为"江南运河"；从长江北岸的瓜洲到淮安的洪泽湖、黄河交汇处称为"里运河"；清朝康熙年间，从淮安到骆马湖、微山湖开通了"中运河"，运河与黄河正式分离，江苏境内的运河体系至此才算完成。在这三段运河中，里运河由于受到黄河倒灌、泥沙淤积的影响，航运条件日益恶化，自清朝乾隆以后越来越难以治理。

　　里运河由邗沟南延北伸演变而来，至今已有2500多年的历史。为了解决好邗沟水多与水少的问题，历代修建了大量埭、堰、车盘坝、斗门、潮闸、覆闸、减水闸、滚水坝、柴土坝、竹络坝等具有不同功能的水利工程。据记载，宋雍熙初于真扬运河第三堰创建的覆闸比荷兰运河出现的船闸要早380余年。明末的湾头闸，清代的万家塘、车逻坝、子婴闸等遗存至今尚在。

　　清朝中期，黄河淤塞愈重，淮河入海也越来越困难，只能完全借助里运河及其周围的引河入江。这就给里运河带来了非常大的洪涝压力，航运情况开始变坏。为防洪水，运河大堤越筑越高，扬州沿运河两岸百姓开始生活在"悬河"之下。

　　据统计，从清顺治初年到咸丰五年，江苏省境内的黄河决口累计达到94次之多，平均每两年多就有一次，造成当地百姓流离失所，富庶的苏北平原经常变成泽国。

　　从清顺治初年到道光末年，淮河在江苏境内决口累计达到38次之多，其中很大一部分是因黄河或运河决堤而导致淮河决堤的"连锁反应"。因此，大运河上最难治理的河道始终是运河、黄河和淮河交汇的洪泽湖下游的苏北里运河这一段。

　　对苏北人民来说，大运河是一把双刃剑，虽然给当地带来了发展的机

正在赶建中的拦河闸

放水后的拦河闸全景

遇，却也使苏北的自然地理环境日益恶化，人民的生命财产安全得不到保证。咸丰年间黄河北移之后，漕粮大部分改为海运，里运河自此便陷入到了瘫痪状态。津浦铁路的贯通更是使里运河的水上运输功能失去意义。

1940 年 10 月，因运河沿线被日伪军封锁，淮安划分为运东、运西两部分。运东仍称淮安县，运西组建成淮宝县，分别属于两个县级抗日民主政权。运西地区属淮宝县抗日民主政府，运东地区属淮安县抗日民主政府。1944 年春，为了防止高邮湖泛滥，淮宝县政府组织民工挑筑人字头大坝。淮北区行政公署建设处水利科技术员钱正英到现场指导。当年 7 月，长达140 丈的人字头拦河大坝筑成，共历时 100 多天，用工 30 余万个，耗用法币 2000 余万元。

1949 年前，由于扬州境内的里运河段航行环境极其复杂，只能利用丰水期通航 30 吨左右的小驳船，年通过量只有几十万吨。直到 1949 年后政府投入巨资大力推进水利建设，里运河才逐渐恢复了生机。

系统整治里运河

1949 年 1 月，苏北全境解放。5 月，江苏全境建立人民政府。5 月下旬，人民政府拨粮 800 万斤，修筑运河堤防 700 余里。宿北、宿迁、淮阴、淮安、宝应、高邮、扬州等 8 县市组织 2 万多民工修筑苏北运河堤防，并视河堤破损情况分别进行堵口、开坝、复堤等工作。

当年秋，毛泽东主席和周恩来总理电告苏北区党委和苏北行政公署，指出我们党对在革命战争中作出重大贡献的苏北人民所遭受的水灾苦难，负有拯救的严重责任，要求全力组织人民生产自救，以工代赈，兴修水利，以消除历史上遗留的祸患。

1949 年 11 月 13 日，苏北区委、苏北行政公署和苏北军区司令部联合发出《苏北大治水运动总动员令》，要求把治水作为压倒一切的中心工作。当年冬，动员沿运河各县乡民工10多万人参加里运河大堤的修理工程，10月份开工，翌年2月底基本完成。整修后的里运河东堤顶宽达到8米，有的近10米。里运河西堤多次加做土埝，维修石埝、防风埽等防浪工程。同时对运河东堤进行加高培厚、加筑戗台，对涵闸进行整修。

1950年3月，苏北行政公署召开水利会议，提出春修工程以导沂兴垦为中心，同时进行江堤、海堤、运河堤等重点培修。当年，淮河流域普降大雨，运河大堤险象环生。7月21日，苏北行政公署召开运河防汛会议，决定同时确保运河大堤和洪泽湖大堤、巩固沂堤，要求从最坏处打算，向最好处努力，为全面战胜洪水而斗争。1951年3月下旬起，里运河堤加固工程开工。1952年，在里运河与苏北灌溉总渠相交处南侧淮安县南郊头、二涵洞之间兴建淮安老船闸，由江苏省治淮工程指挥部负责设计施工，总投资128万元。该工程于1952年9月1日开工，次年6月20日竣工（淮安老船闸于1981年报废停止使用）。

1956年，江苏省治淮总指挥部设计上报了《里运河（西干渠）整治工程设计方案》。该计划内容大致如下：为灌溉、航运相结合考虑，并作里下河地区的防洪屏障之目的，在苏北平原地区开挖苏北灌溉总渠，为淮河洪水增辟一条入海道路，同时大运河的里运河段不再担负行洪重任。在淮安节制闸至四里铺拓宽运河西大堤，四里铺至高邮镇国寺段新建成河东大堤，高邮镇国寺至江都邵伯大运河段拓展西大堤。与此同时，新建头闸、周山洞和高邮水电站。

该项设计方案于1956年8月报请水利部批准实施。

劳动大军上河堤

1956 年 10 月，扬州专区里运河整治工程指挥部正式成立，里运河段的大规模整治随之开始。整治工程计划分 3 期，前后出动民工 70 多万人次，修筑运河堤防，开新河，建闸站，拓宽整治河道，确保京杭大运河里运河段面貌一新。

当年 11 月 1 日，第一期工程正式开工。来自兴化、高邮、宝应、江都、泰兴等地的 10 多万治水大军云集高邮界首至高邮城之间的里运河堤岸，开始整治工作。1957 年春，又增加仪征县 2.23 万名民工。10 多万人一干就是数个月，终于在 7 月 1 日筑成了长达 26.5 公里的运河新东大堤，大堤顶的宽度达到 10—14 米，挖土 1894 万立方米。同时把里运河的河底拓宽到 45—70 米，比原来的河面还要宽 25—50 米。全部工程完工后，新筑的运河西大堤顶宽达到 6—8 米、高程达到 11.5—12 米；运河东大堤顶宽 8—23 米，高程 10.612 米。高邮湖水位 9.5 米时，东、西大堤达到行洪 1.2 万立方米 / 秒的能力。里运河的底宽由原来的 6—15 米拓宽到 70 米，水深较以前加深 2—2.8 米，泄洪能力翻一番。新增自流灌溉农田 140 万亩。里运河的通航能力由原来的仅能通航 30 吨—50 吨小木船提高到能通航 2×2000 吨级的顶推船或 2000 吨级的机动驳船。上述工程完成后，使得古老的京杭大运河扬州里运河段重新焕发光彩。

经过整治，原来的运河东大堤就变成了运河的新西堤。同时通过加高培厚，形成了二河三堤，原来的这一段运河处在了现在运河的西侧。高邮的著名景点镇国寺则保留在了现在东大堤与西大堤之间的小岛上。

河中的成排木桩

正在修建中的涵闸工程

正在开挖中的新河道

已装置完毕的拦河闸第一扇闸门

已铺扎好的闸基钢筋

装好的拦河闸闸门支架

保护镇国寺塔

在扬州里运河段整治过程中还发生了一则河工让道以保护高邮"南方大雁塔"的故事。

高邮镇国寺地处高邮市西郊京杭大运河的河心岛上。寺中有一座方形七层楼阁式砖塔，塔高 35.36 米，顶端有一青铜铸葫芦，葫芦表面刻有"风调雨顺、国泰民安"八个大字。此塔具有唐代古塔的建筑风格。

相传，唐懿宗的弟弟看破红尘，出家为僧。一日，他云游至高邮，来到运河边，被此处的风景所吸引，遂在此结茅禅修，专心弘扬佛法。唐懿宗为之拨款修建寺院，赐寺名"镇国禅院"，赐其弟为"举直禅师"。

举直禅师圆寂后，得舍利无数，其弟子在院内建五级佛塔一座以珍藏舍利和经卷，这就是镇国寺塔。

清末，镇国寺内的大殿、僧寮等毁损殆尽，唯存千年古塔，仍显古刹风韵。在全国的古塔中，四方形古塔仅有两座，一座是西安的大雁塔，一座就是高邮的这座镇国寺塔。因镇国寺塔与西安大雁塔风格类似，故又被称为"南方的大雁塔"。

1956 年 11 月至次年 7 月实施里运河拓宽工程时，按工程方案要求，在老运河东堤外另开新运河，这样就成了两河三岸。里运河临高邮城段的新东大堤要穿西城而过，这样就把镇国寺塔划到了城外的老运河东大堤东面，使得该塔处在了京杭大运河的河心岛上。

因镇国寺塔坐落在京杭大运河中间，围绕着它的保存和拆除，当时还进行过一番激烈的争论。原里运河整治工程计划是"两河三堤"，并没有明确镇国寺的拆与不拆，但当时由于开工时间临近，需要工程指挥部尽快决定宝塔的存留与否。

1956 年 8 月的一天下午，在里运河整治工程指挥部驻地召开了开工前的最后一次会议。会议由扬州专员公署副专员、扬州大运河整治工程指挥部总指挥殷炳山主持。会议的主要议题之一，就是讨论镇国寺塔的存留问题。

会上，扬州专区指挥部的陈祖常科长、许洪武工程师认为高邮镇国寺塔不能拆，其理由有三：一是镇国寺和宝塔修建于唐代，具有很高的历史价值。如果擅自拆除，无法对后人交代。二是抗战时期日军曾企图用炸药炸毁该塔，但没有成功。外国侵略者都没能干成的事情，现在怎么能毁在我们的手里？三是为保护镇国寺塔，可以将原工程计划中的"两河三堤"改为"一河两堤"，将大堤东移。

此言一出，会场上顿时热闹起来。人人发言，互相争论。会议一直开到晚上，也没有议出个众人皆满意的结果。

最后，殷炳山拍板，保留镇国寺塔。为此，指挥部不惜耗费重金，"改河道，保宝塔"。

2014 年，镇国寺塔被列入世界文化遗产名录。该塔现为全国重点文物保护单位、国家 AAA 级旅游景区。

宝应段尽显"水工智慧"

1949 年前，里运河宝应段河底高程在 2.5—2.9 米之间，堤距 70—90 米，正常水面宽 30 米左右，最窄段宽约 20 米，能通航 50 吨的木船。进入枯水期时，被迫分成单、双日上下行驶。里运河宝应段东大堤的堤顶高程 9.8—10.2 米，顶宽 10 米；西大堤的堤顶高程 9.5—10 米，顶宽 4—6 米。河道狭窄，河堤卑矮，渗漏严重。又因运河大堤长期遭受战争创伤，留下了无数大大小小的缺口，可谓千疮百孔。

中华人民共和国成立后，党和政府对宝应段里运河的整修非常重视，除逐年进行除险加固、绿化、兴修涵闸外，还组织民力进行了两次规模

在新河床中开挖深沟（龙沟），以排除开挖时的地下水

较大的续建整治，使里运河的河道与河堤面貌有了很大改观。1950 年春，里运河扬州段进行河堤修筑，宝应运河东大堤全面加高 0.5—0.8 米，完成土方约 25 万立方米。1951 年 2 月 15 日～4 月 10 日，动员民工 28500 人，对运河东堤又进行加固，完成土方 122 万立方米。1954 年，淮河发洪水。里运河宝应段东西大堤均受威胁，险情相当严重。当年 8 月，运河宝应段的最高水位达到 9.74 米。全县人民投入到抗洪斗争中，经过长达两个月的日夜奋战，终于保住了运河东西大堤，安全度过汛期。1955 年春，对运河大堤和湖圩进行全面修复加固，重点是运河东大堤的除险加固，共完成土方 35 万立方米。

1956 年 2 月起，对运河东大堤的部分东坡进行切坡翻筑，完成土方近 120 万立方米，历时 3 年结束。这次施工有效地巩固了京杭大运河的入江水道，防洪能力也得到了显著提高，形成了一条集水陆交通、南水北调、防洪灌溉、综合经营等多种功能于一体的综合性河道，为宝应的经济社会

河道整治

发展提供了可靠的支撑和保障。

在里运河宝应段的整治过程中，发现运河东大堤的堤身内部存有诸多隐患。于是，工程指挥部便采用黄河大堤打锥探查灌浆的经验，组织起30多人的钻探队，用直径 18 毫米、长 7—9 米的钢钎，沿运河大堤进行锥孔钻探，详细寻查堤内隐患。经锥探发现：位于宝应县城南 18 公里处的氾水镇境内的运河大堤有着较多的獾狗洞。此外，杨洼子一段运河大堤上因埋棺而形成的窟窿较多。针对此种情况，施工人员进行了锥孔灌浆，从而消除了运河大堤的诸多隐患。

与此同时，为巩固堤防，里运河整治工程指挥部在工作中注重拆迁清障、安置移民，做了大量工作。1950 年汛期，水情紧张，运河东大堤宝应、高邮等城区段需要加固，必须大量拆迁民房。当时共拆迁了老西堤上及堆土区范围内的 1000 多住户的草瓦房 3000 余间。由于政策宣传到位，当地百姓积极配合，很快便完成了民房的拆迁工作。

河道整治

在此次里运河整治过程中，由于新开辟了航道，移建了运河西大堤，对废弃的 8 座闸洞（叶云洞、叶云闸、王蕭洞、梁淮洞、北闸、南闸、瓦甸闸、七里闸）均进行了拆除。同时，在里运河新西大堤上兴建了山阳闸、中港船闸、中港洞、瓦甸洞，在运河东大堤上兴建了跃龙洞、新民洞、丰收洞，以改善灌溉和航运。此次工程完成后，里运河宝应和高邮段的输水能力和通航能力得到大大提高。

淮安老船闸，由江苏省治淮工程指挥部负责设计施工，总投资 128 万元。该船闸位于里运河与苏北灌溉总渠相交处南侧下游 2 公里处，是京杭运河苏北段由南向北的第三个梯级，和上游的淮阴船闸相距 25 公里，和下游的邵伯船闸相距 113 公里。

淮安老船闸于 1952 年 9 月 1 日开工，1953 年 6 月 20 日竣工。建成后，主要担负北煤南运的重要任务。自淮河、里下河和大运河三个方向来的船只均在此汇集，然后再分别北上和南下。此处是典型的水上船舶集散地，

加固河堤

淮安老船闸是大运河上最繁忙、过船量最大的船闸，常年有苏、鲁、豫、皖、浙、沪等省市的船舶通过。1981 年，高效运行了 28 年的淮安老船闸申请报废，停止使用。

由于里运河自淮安至长江口的水位有落差，因此在之后的整治扩建工程中，按照国家二级通航建筑物设计要求，先后建成了施桥船闸、邵伯船闸等，将扬州里运河段分为了淮安—邵伯船闸—施桥船闸—长江口三个梯级，进行人工渠道化控制运用。

扬州里运河段自 1950 年开始局部整治，之后逐年持续进行，逐步改善水上交通与排洪功能，从而使之成了一条造福里下河地区人民的河流。70 余年间，里运河流域基本建成了防洪、除涝和水资源综合利用体系，理顺了历史遗留下来的紊乱水系，减灾兴利能力得到显著提高，实现了淮河洪水入江畅流、归江有路。

清流焕发第二春

扬州里运河段每到枯水期，沿运河一带的老百姓便会出现用水困难。中华人民共和国成立前曾有这样的民谣："外头不住敲，家里不住烧，路上不住挑，心里不住焦，收的麦子跟水漂。"意思就是说：每到栽秧时节，农民家里就要不断地烧饭，送给车水的人吃。那个时候，水车都是人工踩水。踩水的人边踩水边敲锣。这首民谣极为形象地反映出了当地老百姓的用水困难。里运河经过整治以后，给扬州市带来了重大变化——从江都邵伯到宝应县的这一段运河沿岸的140多万亩农田都实现了自流灌溉。当时有民谣说："用水一声喊，不要关闸板。放水穿花鞋，看水打洋伞。"农田的灌溉问题解决了，老百姓就享福了。

里运河的整治也带动了里下河排涝问题的解决。1949前的淮河大水，河水倒灌，人们撑着船儿出门，街道上的积水都能漫到腰部，半个月都下不去，家家户户损失很大。

涝灾，对于水利而言可能只是涝水排不出去，而在老百姓眼中，则是颗粒无收的稻田、居无定所的处境。水利改善民生，就是要让水排得出、挡得住、淹不进，让老百姓住得安、生活好、无顾虑，通过利用水利工程手段与非工程措施，为老百姓打造一个固若金汤的家园。

当年治理淮河期间，兴化县按照苏北治淮总指挥部关于里下河地区实施"上抽、中滞、下泄"的治理思路，每到淮河发洪水后，便充分利用江都站、宝应站、高港站等泵站抽排涝水入里运河，同时依托大纵湖、得胜湖等"五湖八荡"滞蓄涝水，扩大入海河流的排水量，极大地提高了防洪排涝能力，水利面貌焕然一新。

据统计，中华人民共和国成立后，扬州出动了70多万人参与里运河整治，仅挖出的沙土就超过了1亿立方米。大运河堤防，是事关苏北里下河地区1800多万百姓生命安全的一个屏障。里运河经过整治后，京杭大运河的航运能力也有了极大提高,成为中国南北向的一条水上黄金大通道,对扬州的经济发展具有很大的促进作用。

目前,京杭大运河苏北里运河段基本建成二级航道,成为京杭运河上等级最高的航道,常年可行驶2000吨级船舶。苏、鲁、沪、浙、湘、豫等十多个省市的船舶航行其中,年货运量可达3亿多吨。

与此同时,京杭大运河扬州段的里运河沿线早已构筑起了一条历史文化长廊。里运河内,船队南北穿梭,沿堤参天大树,绵延百里,风景秀丽,古老的大运河重新焕发出了青春。

河道整治

第二节　1952—1956年苏北治淮重点工程

三河闸工程建设

1952 年 8 月，在治理淮河的热潮中，苏北治淮总指挥部根据上级指示精神，决定开工修建洪泽湖三河闸。按照当时的工程设计标准，三河闸工程要占到洪泽湖泄洪总量的 70% 以上。因此，三河闸的建设主要从以下三个方面着手进行：一是控制洪泽湖下泄流量，降低高宝湖水位，保证京杭大运河堤岸的安全，确保里下河不再有洪水灾害；二是拦蓄洪泽湖灌溉水量，配合其他工程，灌溉苏北地区的 2000 多万亩农田；三是冬春堵闭淮河来水，废除旧有的归江各坝。

三河闸于 1952 年 10 月 1 日动工兴建，1953 年 7 月 26 日建成放水。三河闸工区地形复杂，有高达几十米的土坡，也有深度达 10 多米的泥塘。在长不足 1.5 公里、宽不足 1 公里的窄小地区里同时进行挖掘、运输、机械施工浇灌混凝土等作业，加之必须要赶在淮河汛期到来之前完成施工，困难巨大。在苏北治淮指挥部的精心安排下，工地上集中了 12 个县的 15.86 万民工，并从全国各地招收各种技工 2400 多人，同时抽调 3690 多名干部及部分解放军战士参与施工建设。建闸需要的设备和钢材、木材、水泥、砂石等材料多达 32 万吨，主要从国内 9 个省的数十个城市运来。

为保证工地上建设者的一日三餐，苏北治淮总指挥部在前线和后方分别成立了 13 个大型粮草站和 12 个货物供应站。累计运输大米 18636 万公斤，杂粮 273 万公斤，小米、面粉和玉米 2.56 万公斤；收购柴草 2568 万公斤，有力地解决了施工队伍的吃饭问题。

三河闸修建工地   三河闸模型一瞥

在当时较为落后的施工条件下，仅用不到 10 个月时间就完成了三河闸的建设，创造了中华人民共和国水利工程建设上的一个奇迹。三河闸工程，总共完成土方 939.5 万立方米，混凝土 5.14 万立方米，砌石 7.82 万立方米，国家投资 2618.1 万元。

三河闸的建成，极大地减轻了淮河下游的防洪压力，保证了苏北里下河地区不再受到淮河洪水灾害的侵扰。工程充分发挥出了淮河流域骨干水利工程的巨大效益，为保证苏北里下河地区 2000 多万亩农田和 2600 多万人民的生命财产安全做出了卓越贡献。

与此同时，三河闸在汛期之外还起到了拦蓄淮河上游来水的作用，使洪泽湖成为一个巨型的平原水库，为苏北地区的工农业发展、人民生产生活提供了丰富的水源。

邵伯节制闸和淮安老船闸

1953 年 5 月，邵伯节制闸竣工。该闸建在京杭大运河里运河段，位于千年古镇邵伯镇的河道中。邵伯节制闸主要用于调节运河上游水位、控制下泄水流的流量。天然河道上的拦河节制闸枢纽常包括进水闸、船闸、冲沙闸、水电站、抽水站等。邵伯节制闸建于运河分水闸和泄水闸的下游，主要用于抬高水位，以利分水和泄流。建造时，还尽量与桥梁、跌水和陡坡等结合，以节省造价。

邵伯节制闸位于邵伯镇西的南干渠首。1952 年 10 月开工，1953 年 5 月竣工。工程造价 64.49 万元，闸长 25 米，宽 13 米，2 孔，每孔净宽 5 米。设计水位高程：上游正向 9 米，反向 6 米；下游正向 3 米，反向 5.5 米。设计流量 50 立方米 / 秒，实际流量 56.9 立方米 / 秒。闸门为钢闸门，可用电动、手摇两种方式启闭。

里下河地区需要水源时，启闸以 50 立方米 / 秒的流量，为里下河地区送水，保证灌溉和航运。

1953 年 6 月 20 日，淮安老船闸竣工。该船闸由江苏省治淮工程指挥部负责设计、施工，总投资 128 万元。

淮安老船闸位于淮安市淮安区南郊 4 公里处，是京杭大运河与苏北灌溉总渠的交汇处，处在京杭运河苏北段由南向北的第三个梯级。

淮安老船闸于 1952 年 9 月 1 日开工兴建，主要工程量：完成混凝土 2402 立方米、土石方 19.5 万立方米，耗用钢材 206 吨。老船闸的设计年通过量为 194 万吨。

中华人民共和国成立初，全国大搞经济建设。淮安老船闸作为水上交通枢纽，为全国的物资流通、经济发展做出了突出贡献。淮安老船闸于 1981 年报废停止使用。其间，曾于 1963 年和 1973 年进行过两次大修。

江都船闸

江都船闸（原名仙女庙船闸）位于江都仙女镇西，起着沟通高水河和老通扬运河的作用。该船闸于 1952 年 9 月动工，1953 年 6 月竣工，投资

170万元。闸首高程：上游闸底 0 米，闸顶 7 米；下游闸底 −2.5 米，闸顶 7 米。闸门净宽 8 米，闸室宽 10 米，长 95 米。设计水位：上游最高 4.8 米，最低 2.5 米；下游最高 6.8 米，最低 0 米。

江都船闸设计年通过量为 300 万吨，对地方水运事业和经济发展作出过较大贡献。由于南水北调工程的实施，上游水位长期维持在 8 米左右，高水河已成为地上悬河。加之船闸原建造标准低，存在结构安全隐患，已于 2010 年停航。为确保停航后船闸建筑物的安全，扬州市交通运输部门决定，由扬州市航道管理处对江都船闸实施永久性封堵工程。

江都船闸封堵工程主要施工内容：上下闸首钢筋混凝土墙封堵、上闸首两侧堤防填筑、闸室土方回填、上闸首两侧高压旋喷防渗处理、上游临时码头建设等。

射阳河挡潮闸工程

1955 年 9 月 25 日，里下河地区的射阳河挡潮闸工程开工。该闸共有 35 孔，闸身总长 410 米。全部工程于 1956 年 5 月竣工。该工程为射阳河流域挡潮御卤、控制蓄泄、降低内河水位创造了良好条件。

射阳河闸位于射阳县海通镇，是里下河地区主要排水干道射阳河出海口的挡潮闸。其主要作用是阻挡海潮、排除淮河洪涝，兼蓄淡水灌溉。射阳河闸设计水位组合时最大泄流量为 4630 立方米 / 秒，校核水位组合时为 6340 立方米 / 秒。拦河坝全长 457 米。

射阳河闸与后建的新洋港闸等，使里下河地区改变了高潮顶托、海水倒灌的状况。排水标准提高到 5 年一遇以上。湖荡河港蓄水得到控制，灌溉水量不再流失，减少淮水补给量达 30 亿立方米，一般年份直接受益的水稻农田达 46.67 万公顷。

工人们正在赶制闸门

对分水闸两端块石翼墙进行钩缝

涵闸工程中在装置闸门

混凝土门墩筑成后，安上了闸门承轴

工地施工情形

射阳河闸由苏联专家设计建造，是国家"一五"规划的大型水利工程之一，为中华人民共和国成立初期江苏省的第一座挡潮闸。射阳河闸建闸60多年来，累计开闸1.5万余次，排水约2000亿立方米，年均排水量30多亿立方米。该闸建成后，先后抗御了几十次台风、海潮和严重水旱灾难袭击，为流域范围内的社会经济发展和人民生命财产安全提供了重要的基础保障。

淮河入江水道"切滩"

淮河流水全部汇入洪泽湖。明万历二十四年（1596），河臣杨一魁开金家湾河，建金湾北闸及芒稻闸，从此开始有少量的淮河水流入长江。清咸丰元年（1851），淮河大水，冲毁三河坝之后，洪水下泄，进入宝应湖、高邮湖、邵伯湖，经过金家湾、芒稻河汇入三江营进入长江。至此，开始形成淮河入江水道，淮河之水由入海为主变为入江为主。

经过1949年后的整治，洪泽湖已经有了入江、入海和分淮入沂三条排水出路。其中，淮河入江水道是淮河洪水下泄的主要通道，约占洪泽湖洪水下排总量的70%以上，关系到苏北里下河地区2000多万人口、2000多万亩耕地的防洪安全。今天，淮河入江水道行经的路线是：出洪泽湖，经三河折向东南流入高邮湖，再经邵伯湖，在六闸过运河，沿金湾、芒稻诸河至三江营入长江，全长156公里。

邵伯湖里的夏家滩、宝禅墩等处，面积0.7平方公里，地面高程4.5—6.3米，常致行洪受阻。1954年汛期大水，淮河入湖流量最大超过10300立方米/秒，水大浪急，汛情危急。当年7月初，江苏省政府决定对邵伯湖内的东、西圩进行破圩行洪，调来部队炸圩过洪，并动员民工配合挖土。

汛期过后，江苏省政府决定东、西圩不再恢复，并对行洪区群众另行安置。1955 年 4—11 月，进行切滩工程。由治淮委员会工程总队第三、第四支队施工，挖至高程 3.0 米，完成土方 156.4 万立方米，总投资 222.1 万元。邵伯湖切滩工程有效扩大了淮河洪水下泄时的行洪断面和行洪流量。

新洋港挡潮闸工程

新洋港挡潮闸地处盐城亭湖区黄尖镇，是江苏省沿海骨干涵闸"四大港闸"（射阳河闸、新洋港闸、黄沙港闸、斗龙港闸）之一。新洋港闸承担着苏北里下河地区 2478 平方公里流域面积的防洪排涝、挡潮御卤、蓄淡灌溉、交通航运任务，先后抵御了多次洪水、台风的袭击，累计排水超

已装置完成的闸门启闭器

在扎好钢筋的闸基上浇灌混凝土

过 1680 亿立方米，为流域范围内的经济发展、社会稳定和人民安居乐业做出了重大贡献。

新洋港又名洋河，亦称信洋港。以盐城串场河为界，洋河分为上下两段。上段蟒蛇河，长 42 公里，源出大纵湖，流向东北，经北宋庄、姜官庄、泾口、龙冈至盐城与串场河交汇。串场河至新洋港闸为下段，长 63 公里。新洋港闸闸下港道长 16 公里。

1949 年后，党和政府对新洋港进行了多次整治，根据地区特点，确定了"挡潮御卤，蓄泄兼筹，增加排水效能，降低里下河涝水，防止淡水流失"的治理方针。经水利部批准，新洋港挡潮闸于 1956 年 9 月 23 日开工，至 1957 年 5 月 30 日竣工放水，历时八个月。同年，成立新洋港闸管理所。

新洋港闸建成后，与早一年建成的射阳河闸及后期新建的黄沙港闸、斗龙港闸共同担负苏北里下河地区的挡潮御卤、防洪排涝、蓄淡灌溉等

挖泥机船正在清除河中的障碍

任务，彻底改变了该区域卤水倒灌的历史。同时相应修建海堤，建成该区域统一完整的挡潮系统，保障沿海人民的生命财产安，并增加了耕地面积。

抗击1954年特大洪水

1954年5月中下旬，淮河流域出现了一次大范围的暴雨天气，造成淮河水普遍上涨。进入7月，淮河流域共有五次暴雨过程，由于暴雨覆盖面积广、雨期持续时间长，导致淮河流域发生了40年一遇的大洪水。

水灾发生后，中共苏北区委、苏北行政公署及时提出"防汛、排涝、保苗、补种为压倒一切的中心任务"。各有关县市的党政军民迅速动员起来，组织防汛抢险大军，夜以继日地与洪水搏斗，并动员非灾区支援灾区，城市支援农村。在洪水灾害发展至危急关头，采用了堵塞通扬运河和串场河通向里下河区域所有涵洞的办法，虽使海安、泰县、东台部分地区的30余万亩土地受淹，但却保住了苏北里下河地区的1000余万亩高产稻田。

提前拆除高邮湖各港河和归江河道上的各类水坝，用挖泥机清除湖区内的坝埂，以扩大洪水入江流量。苏北灌溉总渠沿线组织2万多民工日夜守护堤防安全，同时组成3个民工总队、28个工程队和82个基干民兵班日夜巡逻险工地段。8月2日，扬州、盐城、淮阴三个专区动员25万民工加高加厚苏北灌溉总渠大堤，仅用10多天就将大堤平均加高了1.2米。

宝应县境内也加固了土堰，高邮境内修筑了石堰，江都境内修建了柳石堰，堰顶均高出1931年洪水水位1—1.5米以上。此外，还在各县的临湖水面修建了100多公里长的防浪柳排……

在20多万防洪大军的奋力拼搏下，运河大堤转危为安。由于防洪抗汛各项工作到位，终于保住了整个淮河下游地区，夺取了防汛斗争的胜利。

苏北沿海防风林带

沿海防护林简称"海防林"，是指沿海以防护为主要目的的森林、林木和灌木林。沿海防护林体系是由防风固沙林、水土保持林、水源涵养林、农田防护林和其他防护林等5类防护林组成的"防护林综合体"。

沿海防护林不仅具有防风固沙、保持水土、涵养水源的功能，而且在沿海地区防灾、减灾和维护生态平衡方面起到了独特而不可替代的作用。

苏北里下河地区总面积21342平方公里，加上海堤外4000多平方公里滩涂，总面积超过2.5万平方公里，占江苏总面积四分之一强。境内有大小41个湖泊群，数十条河流纵横交错，川流不息。该地区沃野平畴，是著名的"鱼米之乡"，是淮安、扬州、泰州、南通、盐城五市17个县（市、区）1300多万人民赖以生存的家园，是沿海开发的战略重点。

明清时期，黄河和淮河洪水屡屡往苏北里下河地区倾泻。水走沙停，里下河地区的自然地理环境因此完成了从潟湖到平畴的巨大变迁。

1952年，苏北行政公署提出建设苏北沿海防风林区的设想，计划建设全长500公里的防风林带。1956年春季，省人民委员会专门发出关于绿化长江的通知，要求争取在三年内完成江苏境内900多公里长江江岸绿化任务。1958年的全省水利建设规划中，又把"普植林带防台风"作为治水的奋斗目标之一，大力实施造林工程。扬州积极响应号召，根据实际情况，大力开展"治淮不忘植绿，重塑'梦里水乡'"工程。

首先，在海岸防风林区建设上，计划建设一条自长江口向北，经射阳河、苏北灌溉总渠、新沂河与云台林区相接，全长500多公里的沿海防风林带，以达到防风固沙、保持水土、涵养水源的功效，从而防灾减灾，保护农田，维护生态平衡。针对沿海季风气候、经常受海风袭击的实际，选择抗碱性高、抗风性强的树种，如黄杨、梧桐、杨树、柳树、榆树等。

其次，结合不同时期的治淮工程要求，积极实施生态林业建设，着力完善淮河入海水道、淮河入江水道、苏北灌溉总渠、京杭大运河沿线以及高邮湖、邵伯湖沿岸的防护林体系。推进高标准农田林网建设，营造绿色生态屏障，要求"沟河开到哪里，树草种到哪里，基本实现农田林网化，沟、河、堤坡面植被化"。不少治淮工程完成后，基本上同步达到了河成、渠成、堤成、绿化成的要求。

经过大力开展"防护林综合体"建设，贯穿苏北全境、全长400多公里的京杭运河，以及新沂河和苏北灌溉总渠等河道的堤防全部实现了绿化。其中，以苏北灌溉总渠阜宁县段的堤防为例，共建有防护林带78.7公里，面积910亩。堤上水杉、柳杉、刺杉"三杉"齐全，竹子、果树成片，成为全省沿海堤防绿化的先进单位之一。

苏北通扬运河以南属于高沙土地区，历来沟河、河坡坍塌严重。过去经常是"一年挖，二年塌，三年再重挖"。在开展"防护林综合体"建设活动中，苏北行政公署结合治淮工作，努力改变了这一状况。泰兴县在进行新通扬运河挖掘过程中，按照农田林网的要求，把河沟的坡面、青坎等全部绿化，全县17条骨干河道，植树栽草、绿化河坡达546公里，占总长度的80%。

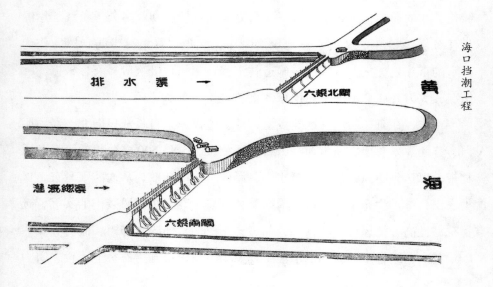

在开展"防护林综合体"建设活动中，苏北地区的不少县、乡、村积极发展生态林业，改善了生态环境，取得了良好的社会效益和经济效益。

邵仙引河为运河补水

邵仙引河，原名治淮灌溉南干渠，北起邵伯节制闸，南接通扬运河西段（仙女镇），河道总长12公里。1952年冬开工，次年5月竣工。为顺利完成此项任务，江都县人民政府成立南干渠工程江都总队部，县长张少堂兼任总队长，张吾任副总队长。江都、泰县共组织5.35万人参与施工，其中泰县有11353人参加。河床标准：河底高程0.0—0.5米，底宽28米，坡比1:2，完成土方377.04万立方米，实做工日245.7万个，总投资123.6万元。

邵仙引河建成后，可引里运河的水源入通扬河，有利于农田灌溉和航运。同时在邵伯镇建成两孔节制闸一座（每孔宽5米），闸顶高程8.5米，闸底高程0.5米，设计上游水位9.0米，下游3.0米，设计流量150立方米/秒，总投资64.49万元。

1952年9月，在仙女镇季家桥南建成船闸一座（仙女庙船闸），次年7月竣工。工程造价170万元。仙女庙船闸沟通了芒稻闸与通扬运河，以利于江都城区的水上交通运输。

1963年兴建江都水利枢纽时，邵仙引河北段6.3公里改建为高水河，两岸加筑堤防，作为江都抽水站向北送水的通道。南段则保持原状，河长5.7公里，连接邵仙闸洞下游，通过邵仙洞引邵伯湖水流入通扬运河，为江都沿河两岸高地的农田提供了灌溉水源，促进了通扬运河的航运发展。同时，通过此闸还能向通扬运河泰州以东地区补给水源。

第六章

旗帜

治淮爱国劳动竞赛

旗帜

治淮时虽正值隆冬，寒气逼人，但治淮民工人人热情高涨，个个争先恐后。当朝霞才露出第一缕嫣红时，工地上早已是彩旗招展，一片热闹非凡的劳动景象。

在苏北广阔的治淮工地上，几十万参战的干部和民工们克服施工环境和生活条件极其恶劣的困难，怀着"尽快改变家乡山河"的信念努力工作着。

各县治淮总队党总支在开展思想政治工作方面也很有针对性，在紧张的治淮工程施工中抓住时机开展思想教育和宣传活动。

党组织"遍地开花"

治淮工程浩大，参与者有数十万人，因此在施工过程中除了建立工程指挥系统之外，还必须同时加强思想政治工作，调动起众人的力量，万众一心，才能使工程顺利开展。

苏北治淮总指挥部党委确定了思想政治工作和宣传教育工作的主要任务，就是要把党和政府的政策与方针深入贯彻到民工的思想与行动中去，使广大民工在自觉的基础上热情地劳动，从而完成治淮这一中心任务。苏北治淮总指挥部党委认真贯彻执行"支部建在连上"的原则，坚持做到"哪里有施工队伍，党的基层组织就建立到哪里"，充分发挥基层党支部的战斗堡垒作用和党员的先锋模范作用，从而有效激活治水大军的干劲，使其迸发出无穷的战斗力。

在具体工作中，苏北治淮总指挥部党委注重实效，建立健全党的组织与工作制度。随着各县市的治淮水利工程陆续开工，各级党组织的建立工作也逐步落实。根据当时的规定，每个承担水利工程任务的县设为一个总队，下面再逐级分设大队、中队和小队。党的组织也作相应设置：县总队设立党总支，总支委员会由5—7人组成；大队设总分支，总分支委员会由5人组成；中队建立党支部，支部委员会由3—5人组成；小队视规模联合组成党小组。在具体工作中，积极落实会议制度，小组会、支委会、

民工们在挑土

支部大会均每周召开一次，遇到特殊情况可临时召开党的会议。

在执行党员汇报制度方面，也做出具体规定：党员要每天向党小组长汇报一次；党小组长每三天向党支部汇报一次，遇到重大问题可随时逐级汇报。主要汇报所在党小组或党支部的党员干部与群众的思想动态和工作情况，及时反映工作中发生的问题及解决的办法，使各级党组织及时掌握情况，进行处理和解决。

治淮工地上的各级党组织要求每一名党员在工地上都要起模范带头作用，加强团结，密切群众关系，积极吸收群众的意见和建议，避免"单干主义"。同时，还要积极发扬共产党员的高贵品质，以党员的优秀素质带动其他民工，提高整体工作效率。严格规定：凡是工地上存在时间紧、任务重、施工难度大的工程任务，所在单位和部门的全体党员必须积极接受任务，并发动周围群众全力完成。在每一项工程任务下达之后，都要先交给党支部进行讨论，细化施工区块，核算每个民工的具体工作量。最难干的施工地段必须交给党员来干，通过党员们的积极带头，激发群众干事的热情。

治淮委员会副主任曾希圣在治淮政工会议上报告治淮政治工作方针、任务

青年团是生力军

在轰轰烈烈的治水活动中，年轻人占了绝大多数，他们是治淮队伍的骨干力量。因此，各县总队的党总支对青年团的工作都很重视。他们积极加强对青年团的领导，发挥青年团员们的骨干作用。当时，规定党支部和党小组的一般会议，可以邀请青年团干部参加。这样一来，可以让广大青年团员及时了解党组织在各个时期的中心工作以及有关施工任务，让他们通过团组织有系统地布置工作，从而保证集合广大青年完成任务。同时，各县总队的党总支还给各大队和中队的团支部书记安排重要的事务性工作，让年轻人主动挑重担，青年团成为治淮生力军。

1955年，江苏治淮工程中的青年突击队和青年工作有了很大发展。据不完全统计，在1955年江苏治淮各项工程中，共建立起青年突击队和青年突击组357支，组员达到14225人。青年突击队（组）在治淮工程中发挥了显著作用，主要表现在以下几个方面：

第一，普遍提高了劳动效率，突破了生产定额。各青年突击队纷纷完

年轻的文工团员们在工地上打着腰鼓，慰问民工

成紧急任务，推动了各地治淮工程的顺利开展。如在骆马湖工程中，周祖德青年突击队的平均劳动效率比全大队的平均劳动效率提高了70%以上；在小洋口工程中，负责扎钢筋的青年突击组超额完成水中劳动定额146%，创造了每人每日扎钢筋重量290公斤的工地新纪录。

第二，青年突击队不断以战斗的姿态带领大家克服困难，完成了许多急难险重的工程任务。如在洪泽湖三岔河开挖工程中，先后有5个中队因工作地段积水广而深，从而影响到了工程进度。为此，负责该地段的施工队分班排水，日夜施工，但效果仍然不大。于是，上级部门便调来一支青年突击队赶赴该段工区。这些青年在很短的时间里便将5个中队工作地段的积水全部排光，从而保证了工程的二次施工，并提前5天完成任务。

第三，青年突击队积极参加增产节约和劳动竞赛运动，不断提高劳动效率，成为治淮工地上的一面旗帜。在淮河入江水道拓宽工程中，淮阴县总队西顺河大队的12个青年突击队队员充分发挥劳动积极性，影响和带动了工地其他各队的"赶、超、争"，有力地推动了工程的进展。与此同时，由于工作效率的显著提高，青年突击队队员们的工资收入也有了大幅

参加江苏省青年治淮突击队、突击手代表会议的测量大队代表合影（1956.9.5）

度的提高。

　　大量的事实充分证明，青年突击队工作的开展，使得青年团的工作内容更加丰富，并改变了青年团干部的陈旧工作方法。凡是建立青年突击队的地方，青年团的工作显得更有生气，工作也更容易做，团干部的工作积极性也更高。随着青年突击队工作的深入开展，青年团的干部普遍反映：以前觉得青年团的工作难做，没有奔头；现在有了青年突击队，似乎工作有抓手了，也有奔头了。

青年团江苏治淮测量大队总支全体团员合影（1955.2）

"诉苦运动"激干劲

发动群众开展"诉苦运动"，是提高广大群众思想觉悟的良好方法。过去，人民解放军通过开展诉苦运动，在很短时间里便能让大批国民党士兵调转枪口，为解放全中国而奋斗。如今，解放翻身了的广大农民兄弟分到了田地，如果他们能够认识到，现在是为家乡修水利，更是在为自己的"一亩三分地"谋福利，便会激发出冲天的干劲。

诉苦运动一般包括三个内容："诉水苦"，讲诉 1949 年前黄河、淮河双重水患给当地百姓带来的无尽灾害；"诉日苦"，讲诉日本军队占领时期烧杀抢掠、无恶不作，带给当地的深重苦难；"诉蒋苦"，讲诉国民党反动派一心打内战、不顾百姓死活的苦难。诉苦运动的步骤，一般是先集中群众开大会进行动员。动员会之后，再以班队为单位进行思想酝酿，继而寻找苦主典型，先在班组里讲，然后再到群众大会去讲，进行控诉。在思想酝酿阶段，干部、党员要深入工地，与大伙儿促膝谈心，消除少数群众存在的"过去的事情诉个啥""诉苦无好处，反而耽误工"等思想偏见与顾虑。

诉苦活动先述水灾之苦，再诉日军及国民党反动派的罪行。通过"苦主"典型的一系列诉说，使台下的广大听众认清过去受苦的根源，从而激发起他们为新中国、为家乡努力工作的热情。

诉苦运动是一场激烈的阶级教育。事实证明：凡是诉苦运动开展得比较好的各县总队、大队和小队，民工们的思想觉悟就会大大提高，工作热情也会更加高涨。如灌云县总队在开展诉苦活动时，各级党组织层层发动，民工们个个忆苦思甜。诉苦大会上，许多人抢着要登台诉苦，讲到真情处，泣不成声。会场上，广大听众把对旧社会的悲愤转化为努力建设新家园的力量，万众一心，以高昂的战斗姿态投入到工作中。

铁锹"刀枪"斗"美帝"

在开展治淮工程时，各县总队还在工地上开展抗美援朝爱国主义教育运动，努力提高广大民工的政治觉悟。大家纷纷表态：志愿军战士在前方英勇打击侵略者，我们在后方不仅要做好后勤支援，更要在党和政府的领导下积极投身到治淮工程中。要向志愿军学习，克服工地恶劣的生活条件，众人拧成一股绳、众心铸成一把剑。

抗美援朝爱国主义教育活动，激发了民工们高度的爱国热忱，提高了劳动效率。大家普遍订立爱国公约，并喊出"积极兴修水利，向美帝主义示威"的口号；有许多青年民工报名参军，要求赴朝鲜保家卫国。灌云县总队的民工们在挖河泥过程中把土挖到河道中心线，叫作"打过三八线"；他们把小车比作"坦克"，把铁锹比作"刀枪"，把泥土当作"美帝"，个个干劲冲天，效率成倍提高。

　　与此同时，很多工地都开展了义务献土方和热心献粮活动。在淮河入江水道和大运河复堤工程中，宝应、高邮和江都等县民工们自发地开展义务挖河、献土方活动，三天就义务劳动献土方两万余立方米；新渡大队的民工们义务献粮两万余斤；仲集大队除义务献粮外，还发动众人向赴朝作战的志愿军战士写慰问信613封。

　　这是一个一把大锹成就特等功臣的故事。1952年，中国人民解放军步兵某师被改编成农业建设某师，转战到农业生产战线上。该师有一个响当当的垦荒功臣"江大锹"，凭借一把大锹成为特等功臣。

反对美国武装日本的示威游行

"江大锹"名叫江希友，是农建某师的一名战士。他爱好劳动，入伍前曾参加过苏北导沂整沭工程，挖河经验丰富。挑河泥时，别人是一对一，你挖我挑；但江希友却可以一个人挖河泥，供应五个人挑泥，将劳动效率提高5倍。因此，战友们敬佩地送给他一个响亮的绰号——"江大锹"。面对荣誉，"江大锹"不骄不躁，主动把挖土方法教给其他战友。"江大锹"的挖河泥经验被推广后，工程进展大大加速。

　　江希友在施工中从不叫苦叫累，看到其他同志出现懈怠的情绪时，就喊"你来挖，我来挑，看谁本领高""天太冷了，大家快挑，不要让我闲着冻死了"，以此激发大家的工作热情。

　　因为江希友发明的挖土方法在全师成功推广后极大地提高了劳动效率，加上他之后在水利战役中的优异表现，1953年3月17日，他被表彰为全师特等功臣。

　　2012年，在淮海农场举行的纪念建场60周年隆重庆典活动中，江希友被农场广大干部职工推荐入选为建场60周年"十大知名人物"之一。

"四比" 教育出新招

苏北治淮总指挥部党委在工作中积极创新工作方法，开展"四比"教育活动，收到了良好的效果。"四比"教育活动的内容如下：一是比前方（在冰天雪地艰苦作战的志愿军）；二是比后方（热烈紧张的举国大生产运动）；三是比过去（红军两万五千里长征，八年浴血抗战，三年解放战争）；四是比现在（解放后百姓翻身做主人的幸福生活）。

"四比"教育活动的步骤，一般是先由党总支和党支部搜集有关材料，并把这些材料进行系统整理，再根据各工地的不同情况，有针对性地对民工进行授课。课后，再组织座谈会进行讨论。

"四比"教育活动在苏北各治淮工地上推广之后，大大提振了民工队伍的士气，使之转化成为治理家乡山河的巨大动力。苏北导沂整沭工程浩大，由于时间短、任务重，少数干部群众产生了畏难情绪，工程一时间进展迟缓。经过开展"四比"教育活动后，很快便消除了干部群众的消极情绪和畏难思想。众人树立信心，如期完成了规定的施工任务。

志愿军代表参观淮河

虽然导沂整沭工程施工时正处在新中国成立之初，又遇到了大灾之年，但民工们非常感激共产党，人人努力提前完成任务，工地上涌现出了许多模范人物。

1951年编印的《新沂河年鉴》中附录了一份导沂工程第一期第一阶段的"功臣榜"，包括特等模范、一等模范干部、一等模范民工以及一等模范中队、模范分队、模范小队等。

治淮工地上有一位鼎鼎大名的工人王兆山。他1913年出生，江苏宿迁人，中共党员。1939年父亲病死后，家里租种的12亩地也被地主夺去，王兆山只好四处打短工。共产党来了，王兆山才翻了身，分得18亩田地。他的18亩田地中，有七八亩地常遭水淹，收成不好。但是他坚信人民政府会带领大家战胜水灾，种好庄稼。

1949年春天，苏北导沂整沭工程开工，王兆山积极报名参加。他带的铁锹特别大，挖一锹泥有四五十斤重。于是，"王大锹"这个名字便传

工地上开展捐献飞机大炮的运动

开了。经过"诉苦"教育，王大锹认识到治水是自己的大事，就带领班组成员共同写了决心书，订下立功计划，并向工地上的其他班组提出挑战。

在王大锹班组的激励下，全乡9个班的民工们一致提出："跟着王大锹走！"没过几天，就有30个民工班组制定了"追上王大锹"的社会主义劳动计划。

导沂整沭总指挥部为了弘扬"王大锹"这种质朴的情感，授予他一面锦旗，上书"十县第一，淮海闻名"八个大字。

榜样激励一大片

黑板报，可谓是在中国大地上出现的最频繁的宣传方式。因其简捷便利、宣传效果好，而被称为领导机关的"喉舌"。它既是治淮工地上进行思想宣传工作的一个重要环节，也是民工队伍开展文化活动的重要园地。

苏北治淮总指挥部党委在开展治淮工程过程中，鼓励各地施工队伍熟练掌握和积极运用黑板报来指导工作，大力宣传工地上的好人好事，同时在黑板报上写出各级领导的指示和各时期工程施工的重要部署，随时随地宣传鼓励，有力地激发了民工们的工作积极性，提高了劳动效率。当时的主要做法是：

1. 建立工地黑板报委员会。黑板报委员会一般由三至五人组成，其中主任一人，编辑一人，征稿一人，余下的为普通委员。黑板报委员会的成员都是通过民主选举的形式产生，因此具有一定的群众基础。

2. 组建工地黑板报宣传网。工地黑板报宣传网由众多宣传员组成，他们是宣传工作的骨干力量。在导沂整沭工程中，涟水县总队共发展宣传员165人，灌云县总队发展560人。宣传员万金良，不论在方塘中还是在工棚里，从不放过可利用的时间，积极向民工们宣传技术经验，激发众人树立挖河立功的思想。他不仅是个积极的宣传者，同时又是个不怕艰苦的劳动者，早起晚睡，成为全队的劳动模范。他的模范行动影响了全中队，使该中队提前完成了任务。

3. 在工地上做好宣传工作。各队都会在各自的队伍中选择思想好、有文化的年轻人进行培养。各级党支部在发展宣传员过程中，既防止滥竽充数，也反对关门主义倾向，以免造成工地宣传工作的混乱。要求宣传员们经常性地深入工地，在面向群众宣传的同时，还要参加劳动。宣传员的思想作风和劳动态度必须要高于民工群众。对那些思想恶劣的宣传员，必须予以清除，以免导致不良影响。

在具体工作中，本着"加强党的领导"这一原则，各总队党总支设立通讯报道总组，大队设中心通讯报道小组，中队设通讯报道小组，并以各级政工干部为组长，收到了不错的效果。在苏北灌溉总渠春修施工中，涟水县总队党总支建立了83个通讯组，累计写稿311篇，不但给工地上的黑板报和河工快报提供了大量稿子，而且还成为《苏北日报》新闻宣传报道的主要稿件来源之一，经常受到表扬。

4. 广泛开辟稿源，发动大家来写稿。黑板报是民工思想活动的园地，能反映民工的劳作情况。民工们将亲身的体验用语言写出来，内容会更加充实而生动。针对不少民工文化水平较低，无法把自己的情感通过文字表达出来的实际情况，治淮工地的各级党组织创造出了一些行之有效的好办法。比如有的治淮工地把不会写字的人集中起来，通过教他们画画的办法把要说的话表达出来；有的地区则把不会写字的人组织起来，由他们口述，找人代笔。

5. 以鼓励民工热情为主，秉承"多表扬、少批评"的原则。在具体工作中，各县总队的党总支坚持要将黑板报办成开展民工学习教育活动的园地，做到表扬必须恰当，批评必须中肯。因此，每一期的黑板报都图文并茂。民工观看时，往往是一人大声朗读，大伙儿齐声叫好。

民工们在观看黑板报

　　赣榆县总队四大队民工纪庆余劳动积极，每天的挖河泥工作量名列前茅。于是，他的事迹便出现在了工地的黑板报上。一时间，围观者众多，纷纷表示要向他学习。

　　对此，纪庆余非常兴奋，逢人便说："活了一把年纪，过去从不被人看得起。没想到如今我也登上了工地的黑板报，受到了大伙儿的称赞。现在真的翻身啦，为家乡治水再苦再累也愿意。"此后，纪庆余的工作热情更加高涨。他还带动周围的工友一起积极工作。

　　治淮工地上还有一种河工快报。河工快报与黑板报的性质大致相同，但形式上略有区别。河工快报比黑板报的面广，一般都是由总队出刊，所以它的教育效果也比较明显。其具体方式，就是把有关反映治淮工地情况的快板书、宣传歌词等写在二尺见方的长条状木板上，插在工地的各个劳动场所。形式虽然简单，但起到的宣传作用却很明显。其作用主要是随时随地反映治淮工程的进度和民工的各种需求，同时用简短有力的口号表达领导的意图。这种灵活性和机动性都很强的宣传方式，取得的宣传效果很好。

治淮工地对河工快报这种便捷的宣传方式一直很重视。1951年春，涟水县总队在各工地共办了82处河工快报。快报上提出"早完工早回家""要得一天三方清，必须两头见明星""工具人力凑一凑，做完工程做春豆"等口号，以激发民工们的劳动热情。泗阳县总队为扭转少数民工怕帮工的思想，便在河工快报上写上："怕帮工，必误工；人落粮食，你落空。"此外，他们还在劳动竞赛中提出："你说你英雄，我说我好汉，方塘里面比比看。"

上述这些读来通俗易懂、朗朗上口的劳动口号，能极大地鼓舞民工的热情，激发他们干事的积极性。

"土广播"和"读报组"

解放区的农村，很早就已经在使用"土广播"进行宣传教育活动，广大群众对此已很熟悉。其实，这种"土广播"就是一种手持的广播筒。广播筒的制作很简单：将白铁皮打成一个外阔里细的喇叭状铁皮圈儿，再在铁皮筒上铆上一个把手，便可以使用了。广播筒声音大，传得远，因此广受欢迎。

河工干部常把它作为表扬先进、批评落后、介绍经验、进行时事宣传的随身工具。苏北治淮工地上的各中队和小队广泛使用这种宣传工具，随时随地进行宣传鼓动，减少了会议时间，提高了工作效率。

此外，苏北各县治淮总队还组织起了众多的读报小组。他们利用工地劳动空闲的时间，组织大伙儿坐下来，由"土秀才"们给大家读报。这种方式简单易行，很受民工欢迎。

各党支部对读报活动也提出了具体要求，认为要防止"和尚念经"现象的发生——避免读报的人读得头昏脑涨，而听报的人却感到枯燥无味。这样，不仅起不了好的作用，反而会引起民工们的反感。因此，读报人口齿要清楚，讲述要生动。如宝应县总队的张集大队读报员刻苦学习，掌握了读报技巧，读起报来由浅入深，旁征博引，大家听得兴致盎然，只感觉时间过得太快。所以，在张集大队的各施工区域，只要报纸送到，马上争抢一空。

此外，在开展读报活动时，苏北各治淮工地还注重发挥民间艺人的特长。党支部根据不同时期的施工进度和群众的思想状况，先选定每期读报的主要指导思想，再将报纸上的主要内容交由民间艺人，让他们根据自身的艺术特长，分别编成顺口溜、快板书、大鼓词，在读报会上说唱。

各治淮工地还组织参观团互相观摩，交流经验。组织的方法一般是由各工区推选出代表，参观的对象和内容都是其他工地上的各种施工经验和

民工们利用休息时间阅读各种书报，学习文化

文工团为民工们表演节目

民工们的发明创造。参观完毕后，各工区代表再向民工传授。

各县总队还因地制宜地开展文化娱乐活动。有的大队建立了民工俱乐部或文娱小组，有的大队建立起图书馆和阅览室，还有的大队在开展活动中注意吸收民间艺人参加，组织起了流动宣传队。导沂整沭司令部还抽调各中队有才艺的青年团员和民工组成宣传队深入各工区进行宣传表演。表演的内容都是大伙儿喜闻乐见的唱歌、跳舞、打腰鼓、唱评书等。同时强调要将文娱活动与时事政治相结合，内容一般包括抗美援朝、土地改革、婚姻法的宣传等。

苏北治淮总指挥部党委还组织起电影小分队，深入治水工地，给民工放映电影和幻灯片。观看电影和幻灯片，这对于刚刚获得解放的农村群众来说，绝对是一件新鲜的事，因此大受欢迎。民工们见到这些东西，无不称赞，更有民工感慨地说："活了大半辈子未见过，毛主席真是关心我们。"

劳动竞赛光荣榜

苏北治淮总指挥部党委结合治淮工程项目，给所属各级党支部安排部署一项重要工作。这就是广泛发动民工群众，大张旗鼓地开展爱国主义劳动竞赛，从而激发起众人的劳动热情，提高施工效率，创出高标准工程。

苏北治淮总指挥部党委积极开展爱国劳动竞赛。其中很重要的一环，就是大力推广各县总队、大队、中队和小队班组在劳动竞赛中涌现出的先进思想、先进人物和先进的施工经验。

制定劳动竞赛的形式和竞赛内容，突出反映各单位在竞赛各阶段所获得的成绩。具体形式有"夺红旗""打擂台""红星榜""光荣榜"等。其中，"红星榜"和"光荣榜"的形式最受欢迎。"红星榜"的最大优点，便是从制定施工计划着手，组织劳动竞赛。参加竞赛的单位和个人只要完成了自己所定的劳动计划，都可以分别得到不同的红星。这种形式的劳动竞赛，各单位不论条件好与差，均可参加，真正做到了友好竞赛、共同提高。

这里有一份兴化县总队开展《评红星》活动的总结报告，简述如下：

据统计，在兴化总队全部 44 个中队中，评星两次的有 16 个中队，评星三次的有 15 个中队，评星 4 次的有 7 个中队。其中，评星最多的中队评过 8 次。

他们的做法是：在宣传鼓动的基础上成立各级评定委员会。在评比过程中，按竞赛单位的实际情况，制定出竞赛的具体计划。

劳动竞赛计划制定好后，再贴在"红星榜"的竞赛内容栏内。红星是用红色的蜡光纸剪成的，光荣榜则是用大的道林纸画成，张贴在工棚前或者工地的交通要道之间。

评星时，按照每 5 天进行一次评比的要求，先由各级评星委员会检查，并介绍各参赛单位完成计划的情况。采取自报公议的方法，民主评定各单位在这 5 天之内应得的红星。对于超额完成计划者，另外进行奖励。对改进劳动操作方法、改善劳动组合、超额完成施工定额任务、创造新纪录及取得其他较为突出的成绩的单位，授予特等红星；对于全部完成计划但没有其他成绩的单位，授予一等红星；对于基本完成计划及完成计划的主要部分（如施工工效、质量标准）的单位，授予二等红星；对于没有完成计划的单位和个人不授红星，并在方格内留空白表示他的竞赛计划失败。

在开展评红星过程中，不可避免地会遇到各种阻力和意想不到的困难。刚开始开展这项活动时，有些大队和中队干部就抱怨"红星榜过于复杂了"，或者说"这都是些哄小孩子的玩意儿，没什么了不起"。还有一些大队和中队虽然搞了一些红星榜，但不能正常开展评星，使活动形同虚设；更有单位甚至把红星榜立在人们看不到的地方，无人管理，任凭风吹雨打……

总队党委对这些情况极为重视，开展了"红星榜"活动专项检查。真是不查不知道，一查吓一跳：总队的 44 个中队里，未搞红星榜，或虽然搞了红星榜，但从没有开展评星活动的就有 28 个中队。在深入调查的基

民工举手通过爱国公约

础上，兴化总队党委召开了中队以上干部会议，针对存在的问题对相关的大队和中队干部进行了严厉的批评教育，强调搞好红星榜，不仅是推动劳动竞赛的有效方法，也是将来工程结束之后进行总结和评奖的主要依据。在此基础上，总队党委做出了"评红星，首先要从大队一级开始，要重点推行大队与大队间认真评红星"的决定。

大队评红星时，由总队直接掌握，每5天评比一次。除去大队总支委员全体参加外，还邀请各中队指导员参加；中队评红星时，请分队干部参加。通过层层典型示范、层层学习达到层层开展评红星活动。在这个过程中，各级干部也熟悉了评红星的方法。

在总队召开的授星大会上，会场的布置要大方美观，就像办喜事一样，使到会的人员有一种特别的荣誉感。评星时要动员广大民工端正态度，并公布评星的方法。比如单位或个人先自己汇报完成的情况、取得的成绩和存在的不足之处，再请大家对其汇报的内容进行评判。同时，还要注意防

治淮爱国劳动竞赛

止和及时扭转在评星过程中可能会发生的两种极端现象：一种是斤斤计较；另一种是认为大家的工作都干得差不多，因此评比时不认真或无所谓。

在对单位或个人进行授星仪式时，要锣鼓喧天、热烈鼓掌，营造出劳动光荣的热烈气氛。之后，再修订下一个五天的劳动竞赛计划，并提出具体要求。

评红星要做到三大结合，即要与组织互查工作和交流经验相结合，要与劳动竞赛评星活动中的精神奖励、物质奖励相结合，要与劳动工效通报相结合，这样才能发挥出红星榜的更大作用。

在评星之前，要组织检查组深入工地，检查完成计划的情况。通过实地检查，学习和交流经验，督促计划的执行，掌握评星的材料。这样，在评星的时候，各级领导就不会因心中无数，引起争论，而发生时间延长的现象。同时还规定：只有进行过第二次评星以后，才能对上一次的评星获奖单位和个人进行奖励。这样一来，评星的作用就会更大。同时，将先进单位和其他单位的工作时效进行及时通报，也有其积极的作用。

通过上述这些行之有效的社会主义劳动竞赛活动，兴化总队在治淮工程建设中取得了显著成绩，赢得了一片喝彩声。总队也第一次取得了治淮工程施工进度和施工单位质量"满堂红"。

青年工人驾驶着羊角压土机将土坝逐层压实

第七章 民 工

民工们正在敲挖砂礓

民工

治理淮河工程，是中华人民共和国成立后建设的第一个全流域、多目标的大型水利工程。

在治理淮河的三期工程建设项目施工中，苏北治淮总指挥部坚持做到合理配置民工队伍，精心开展施工管理和大力推广新技术，从而调动起广大民工和技术人员的工作热情，确保工程施工顺利进行。

自愿结合，组建队伍

治淮，是一项需要大量劳动力参与且耗时长的浩大工程。因此，充分发动群众，精心开展工程管理，组织施工队伍，调动起众人的工作积极性，是治淮首先要解决的问题。为此，苏北治淮总指挥部在工作中着力做好以下几个方面的工作：

一、合理规划，广泛发动。进行动员时，一般是由各级党委、政府由上而下，有计划、有步骤地推进。同时还结合国家和国际形势，广泛开展爱国主义教育，激发群众的治水热情。参与治淮的群众因其本身也深受水患之苦，所以都热烈响应，踊跃报名。

二、纠正思想，择优选择劳动力。在广泛发动群众参与治淮的过程中，坚持执行"治淮工程高标准、治淮劳力强壮精悍"的标准。针对部分县总队存在招收老人、妇孺及有疾病的群众上工地的现象，苏北治淮总指挥部在加强思想教育的同时，严格掌握标准，制定出了治淮民工队伍必须执行的"两要和四不要"的标准。"两要"：一要年龄合格（18岁至45岁），二要身体强壮。"四不要"：老人和小孩不要；孕妇不要；有慢性病或暗疾的不要；未经批准的雇夫不要。通过这些措施，确保劳动力的水平与工程的顺利进行。

三、配备干部，靠前指挥。在开展苏北治淮工程中，参加的地区都极为注重施工队伍的干部配备问题，本着"效率、质量并重"和"前后兼顾"的原则，对干部予以合理调配。一般情况下，各县民工总队的负责干部都是由本县的县长或其他县级干部挂帅；民工大队的负责干部都是区长或区委干部；民工中队的负责干部都是乡长或支书、支委等。与此同时，还在各级民工队伍中适当配备了一些得力干部以推动工作。通过这样的安排，使得干部在民工中的比例达到了百分之一到百分之三左右。如在1951年春季的导沂整沭工程中，每个中队民工192人，配备干部3人，分别为中队长、指导员和文书兼粮秣员。

在此基础上，苏北治淮总指挥部本着治淮工程队伍要"便于领导，便于生活，便于劳作"的原则，对民工组织进行精心编制。他们的具体做法是：组建民工队伍"四级管理"机构，保障施工指挥层层到位，即以县为单位成立民工总队或指挥所，以区为单位成立民工大队，以乡为单位成立民工中队，以村为单位成立民工分队；分队下设小队，以民工小队为生活和劳动的基本单位；民工小队，以自愿结合为原则，做到各小队劳动力均衡。

一般情况下，民工总队或指挥所以县为单位，由4—6个大队组成；民工大队由4—6个中队编成（民工约1200人）；中队是工程施工劳动的重要单位，由4个分队编成（民工约200人）；分队由4个小队编成。小队由12—16名劳动力组成。小队长由民工中的积极分子担任，小队炊事员也由民工推选，他们的报酬从小队所得的工资粮中支出，国家不再另外提供津贴。分队作为工程施工的基本单位，其正副分队长由民工集体推选。

在治淮工程层层铺开之后，苏北治淮总指挥部还将民工小队这一基本劳动单位进行内部工种细化。比如在挖河挑泥过程中，土工、石工与夯工这三者是施工的主力军，如何将其进行有效组合，事关工作效率。他们根据各地的施工经验，将土工、石工和夯工这三个工种分别进行组合。土工一般按照县总队、区大队、乡中队、村分队进行组织，夯工和石工可根据不同的工程需要单独组织夯工大队和石工大队等。

为保证民工的生产、生活，苏北治淮总指挥部采取了订立合同的做法。

江都县张纲治淮民工大队部全体干部合影

民工队伍尚未出发之前，已经参加互助组的，则按照原来的形式订立合同；没有参加互助组的，就进行重新组织。在合同上要注明：留守在家的人员不仅要包耕包种，还要保证田亩产量。通过这种方法，解决了生产与治水的矛盾。在治淮工程进行过程中，各总队、大队和中队所在县、区通过写慰问信，派代表团报告家乡亲人安居和生产情况，有力地鼓舞了民工治水的热情。

治淮的技术工人主要来自城市。治淮工程开工后，国家号召民工学习文化、掌握技术，把部分有文化的民工变成技术工人。如此一来，一定程度上解决了技工不足的问题。技工的组织，主要是依照工具和工作的性质来分类编组，以工具的多寡及任务的多少来决定技工的数量。如在三河闸工程施工中，将技工编成两个大队，第一是工程大队，设正、副大队长和教导员，下设3个中队：1.开山机中队，设正副中队长、指导员，下设开山机分队、扶钻分队（开石）；2.建筑中队，设正副中队长、指导员，下

工人们在治淮工地劳动

设洋灰分队、木工分队、钢筋分队；3.交通中队（铺铁轨），下设 2 个分队。此外，还有架子车修理中队、石工中队等。第二是机械大队，设正副大队长、教导员，下设 5 个中队：1.电工中队；2.修配中队，负责修机器及装配小零件，下设保修分队、洪炉分队（制造机器零件）、钳工分队（检查、拆卸各种机器）；3.压土机中队，下设 3 个分队；4.抽水机中队，下设 3 个分队；5.汽车中队，每 3 辆汽车组成一个小组，每辆汽车配备正、副驾驶员两人。

在施工中，除了加强行政领导外，还加强对民工们的思想教育与引导。此外，还建立健全了各种规章制度。主要是：1.作息制度。修河开坝工程由于工期较长，往往是跨年度工程，这是它的长期性。同时，由于受工程进度以及季节影响，在一定时期内必须日夜施工，这便是它的突击性。根据以上两种不同的情况，制定了合理的作息制度。2.学习制度。民工们在工地上的学习分为政治与文化两种。每星期一、三、五晚上，为政治学习时间，主要传达上级指示精神或安排下一步工作。每星期二、四、六晚上，为文化学习时间。

高效制服"脱缰野马"

大型水利工程建设有"两多、一高"，即工程建设生产工序多、现场施工人员多、不安全因素高。人们常将因高危因素导致安全生产事故频发的状况称之为"一匹脱缰的野马"，比喻其难于控制。

苏北治淮总指挥部在开展治淮工程管理活动过程中，结合苏北水网地区的施工特点，重点做好科学管理、规范管理，对施工中的各种风险和隐患进行有效控制。他们根据治淮工程施工的实际情况，在工地上普遍开展了"抓人头（思想）、抓地头（现场）、抓铁锹（安全）、抓床头（营地）、抓灶头（后勤）"活动，使治淮工程现场达到施工标准化、宿舍整洁化、管理规范化和卫生经常化的要求，切实解决了民工的实际困难。

比如在治淮工程中，苏北各县大量精壮民工长期驻扎在工地上，使得春秋农忙时田间生产缺乏劳动力，家里的生活不易维持，导致民工队伍人心不稳。针对这一情况，苏北治淮总指挥部会同各市县党政部门，出台相关政策，把前方的治淮大事、后方的春耕和秋收秋种工作做好统筹安排。各县区专门派出大批干部下村镇，组织劳动互助组，并开展副业生产。与此同时，组织民兵维持地方治安。采用"包耕定产"的办法，组织农村开展劳动互助活动。根据"自顾两利，等价换工"的原则，以 7—15 户为一个生产小组，进行自由结合，订立合同，明确生产互助关系。比如已参加互助组的民工，在其治水期间，家里的田间生产均由互助组负责。通过以上方法，消除了民工的后顾之忧，极大地提高了他们参加治淮水利建设的积极性。

"教、帮、划、算、查"五字诀

"教"，就是教育民工，提高其政治觉悟，使其掌握相关施工技能。"帮"，就是帮助民工订好劳动计划，帮助他们进行科学的劳动分工。尤其要帮助施工效率不高的民工，改善其劳动方法，促使其短期内迎头赶上。"划"，就是每天划块交方，即每天为民工核定施工数量，使其有工作的目标。"算"，就是领导干部对工作的各方面要有精确的计算，如工作任务的计算、完成任务时间的计算、劳动定额的计算和粮草供应的计算等。总而言之，要做到心中有数，而不是忙乱地工作。"查"，就是各级技术干部每天都要深入到班组小队和方塘，检查施工人数、工具等，提高工作效率。

"教、帮、划、算、查"是有机结合的整体，只要认真实施，定会收到良好的效果。

如沭阳总队实施这"五字诀"后，工地上患疾病者立即减少了80%，装病不出河工的人更是彻底消失。宿迁总队开展这一活动后，挖河的劳动效率由过去人均0.6立方米提高到人均2.7立方米。民工将这"五字诀"称为"自己给自己加劲"的办法。

"四定"和"包方制"

所谓"四定"，就是"定员、定时、定质、定量"。"定员"，就是每天参加劳作的人员要固定，把做好定额的工程任务交给一定的人员去完成。为此，就要进行科学分工，使人力和工具两不闲，既不浪费人力，又不浪费时间。"定时"，就是具体规定劳作时间和完成任务的时间，劳作时间以不超过每天9小时为度，同时也不能因时间限制而影响任务的完成。所以，在分配任务时必须周密考虑。例如出河工时，100米运输河泥的距离，一辆小车一天能运土几趟？每车载重量若干？人均每天能运输多少土方量？一架四人夯一天能打多少平方米？每人平均效率多少？这些都不是依靠主观想象可以办到的。各级领导机关要派人进行具体实验，得出经验，制定科学的标准。"定质"，就是规定工程的品质和标准，完成的任务必须要符合一定的规格。譬如打夯要包钎试水，筑堤要符合规定的宽度、坡度等。"定量"，就是每人每天的工作要有一定数量。例如一个中队一天要运多少土方，一架夯一天要打多少平方米，一个人一天要做多少工作量，等等。

治淮水利工程具有高度的科学性与技术性，工程量庞大而复杂，要确保施工有条不紊地进行，推广"四定"方法，有其重大实际作用。首先，农民普遍带有自由散漫的习惯，从事集中的大生产劳作，在思想上往往有所抵触。"四定"就是帮助他们养成集体性和组织性观念的良好办法。这个办法不仅合乎工程的需要,并且对他们来说也是一种训练。其次,"四定"是克服工作上忙乱现象的良好办法。"四定"推广后,过去那种工作上无计划、劳动组合不好、劳动时间不固定等混乱现象自然就会减少,以至完全消失。再者,"四定"+"技术",才能生发出巨大力量。工地上还时常召开技术座谈会、劳模座谈会。通过介绍技术经验,使群众学习技术,进而掌握技术,提高效率。

所谓"包方制",就是按级承包的制度。领导机关将工程任务逐级向下交代,限期竣工。民工小队、中队、大队等逐级向上级承包,并打包单作保,即包土方、包标准、包工资、包时间,从而使生产单位和个人对工程任务和工资收入做到心中有数。其中,尤以包施工标准及包施工时间最为重要,强调不能如期兑现将会影响到整个工程进度及个人工资收入。此举对保证施工计划的按时完成起到了较为积极的作用。

与此同时,实行评工计分、按劳分配的制度。评工计分,以劳动绩效

木工们日夜不停地安装门墩的木模板

为主要标准，多劳多得，少劳少得，不劳不得。按每个人的劳动成果，评工计分，按分得粮。评工计分，一般采取自报公议、民主互评、分队批准的方法。分队设评工计分委员会，委员由民工集中选举，小队每晚评分一次，分队每五天评分一次，当众宣布评议结果。

在苏北导沂整沭工程中，各大队、中队和分队将劳动力按照体力强弱分为三等，按等取酬。例如一等得粮食12斤，二等得粮食10斤，三等得粮食8斤。该办法主要以每个人的劳动态度、劳动绩效为标准，每日评定一次，当场兑现。同时，干得好，可以立即升级，得到的粮食也随之增多；干得差则当场降级，得到的粮食数立减。民工认为此措施公平合理，人人不惜力气。这一举措从根本上消除了少数民工中存在的"扒官河，吃官饭""干不干，二斤半"的旧观念。

实践证明，开展"包方制"增强了干部群众的责任心和施工质量。苏北导沂整沭工程在各工地推行该方法后，耍滑偷懒的现象基本消失，工作

技工们正在用气钻机开凿输水隧道道口

效率得到大幅度提高。例如沭阳总队王小连小队实行"包方制"后，每人平均日完成的土方量由过去的 3 立方米提高到 5 立方米。小队的人均收入也实现了翻番。

积极推广先进工艺

苏北治淮总指挥部在开展水利建设工程中注重发挥技术人员和广大民工的创造性，发明了许多先进工艺和技术，并积极推广，收到了良好效果。

1951 年春，在苏北导沂整沭挖河工程中，灌云县民工发明了"连坯裹"的挖土方法，十分适合含水量较高的黏土或者淤土，施工效率提高两到三倍。其具体操作方法如下：1.工具："连坯裹"挖土法使用的铁锹，锹头呈月牙形，轻便锋利，经久耐用，所挖土块也特别大。同时，运土的小车与一般小车也不同，车上不用土簸箕，而是垫上一块席子，面积大且不黏土，经济实惠。2.操作方法：在挖河工地上，负责挖土的民工每人一辆车、一把锹，自挖自运。这种方法也叫"一手清"，就是一次挖到底的意思。从河道的中心线开始，逐渐向河两岸进行开挖。根据图纸规定的深度，决定分成几坯开挖。如分成四坯挖，则有四个人参加。开头先由一人在地平面上挖一锹深、三锹宽，然后向后逐步退挖。待挖到相隔一米左右的距离时，第二人再站到第一人挖的方塘内，依同样方法，继续向下挖。紧接着，第三、第四人都依次挖下去，很快便会挖出一个台阶形状。每挖一层，便在停放小车的一边留下一锹宽的土，以便上下。小车都在临方塘上面的平地上，车后两脚紧挨着边口。装泥时就从两个车把当中向上装。每车普遍装 9 块土，每块长约 40 厘米，宽厚各约 15 厘米至 20 厘米，重约 30 公斤到 40 公斤。这种装土方法叫作"前三后五一龙腰"。如果要装 10 块土，则可用"前三后四，两码一龙腰"的装法。3.具体的挖土方法：不用脚踏锹，而

已装好的拦河闸闸门

工人们日夜操作着混凝土搅拌机

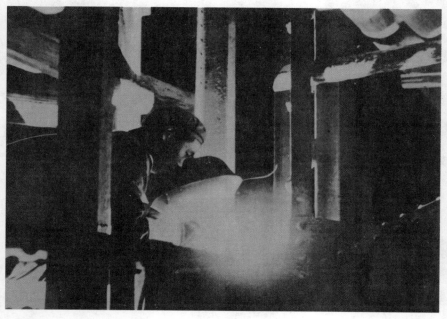

技术工人在电焊闸门横梁

是将锹跟手、腿、肩窝靠紧。左手拿锹在前，则左腿也随之向前，右手握在锹柄的上端，抵住肩窝，全身合劲向下插，就是硬土也能插下去。在所挖土的两边（或一边）插的锹叫口锹，在两口锹当中的后方插一锹，把土坑端起来，这叫端锹。口锹要深而稍斜，端锹则要直而稍浅。这样，端起来的土块不会碎。4．劳动组合：应用此法时，劳动组合特别重要，其要点如下：工具必须齐备，每人一辆车、一把锹，自挖自推；每组内各人的工作速度最好相同，如不可能相同时，挖土快的在上层，慢的在下层，才不致因上层慢而影响下层。但在下层挖土的人体力要好，尤其是在底层的人，体力要更好，不然土就送不上去。

"连坯裹"挖土法特别适用于黏土质的河道疏浚或开挖新河工程。它工效高，挖得深。如果配以龙沟排水，则能挖得更深。加之当时实行包方制，按方发粮，实行统一起身、统一吃饭、统一休息、统一教育，开展劳动竞赛，因此劳动效率得到了更大提高。

据当时实地测量，河道运土距离按60—100米计算，5天之内，沭阳总队2万多民工的平均劳动效率达到3—7立方米，后来增加到3—8立方米。其中，同兴大队平均劳动效率最高，达到了5—18立方米。各小队的平均劳动效率最高达8立方米以上的有6个；个人劳动效率在8立方米以上的有1000多人，10立方米以上的有663人，15立方米以上的55人，超过20立方米的有3人。

师徒携手使用新技术

苏北治淮后期，随着挖河筑堤等基础工程的相继完成，工程重点开始由单纯防御淮河洪水逐渐步入兴修水利设施的阶段，工程项目也由过去的大规模土方施工逐渐转为各种闸坝工程建设。施工重点转移了，随之而来的就是如何运用新技术，建筑高质量的闸坝工程。

当时，最为迫切的是要尽快解决施工技术与民工队伍结合的问题。因为凡是建筑工程，都有较高的科学技术性，并且要采用现代化工具施工，而参与治淮的骨干力量基本由农民组成，要使他们尽快掌握技术，熟练使用各种设备。因此，对民工的技能培训也有了新要求。对此，治淮工地各总队因地制宜，采取"传、帮、带、教"等诸多措施，使民工尽快掌握新技术，使用新式工具，熟悉新的劳作方法，从而弥补工地技术工人的不足。

1. 开展包教包学活动。包教者是老技术工人，包学者是年轻有文化基础的民工。经过思想动员，打破了包教者"技不传人"的落后观念，他们纷纷表示欢迎民工兄弟学习技术。包学者积极报名，拜师学艺。在"拜师学艺联欢会"上，民工代表首先登台，表达学习技术的信心与决心；技术工人代表则在台上表示定会教得耐心、传授真功夫。

2. 师徒结对，手把手教学。师徒之间结成对子，订立包教包学计划，

工人们在工地上架设电线，接通电流，用于机械动力和夜间照明。他们提出了口号：工程做到哪里，电线就架到哪里

每部机器都派学员去做助手。师傅操作机器时，学员在一边认真看、用心记；学员在师傅指导下，实习操作，体会技能。与此同时，在师傅层面也进行分工：技术好的担任主教，技术一般者作为助教。

3. 有计划、有步骤地教。第一步讲解设备的零部件名称，第二步讲解设备的构造与作用，第三步教授如何检查故障，第四步教授机器设备的拆卸、组装和使用。每次讲完，先由徒弟提问，师傅再做进一步解答。

4. 设立"点将台"，实行月测验、季考试。在师徒结对、包教包学的基础上，制定出每个月进行测验、每季度进行考试的制度。届时，师傅们端坐在"点将台"上，学员们纷纷登台，大胆提问题，由师傅们逐一答题。此外，还组织经验交流会。每堂课或实习后，组织各组进行讨论，报告各自的学习心得和学习方法。

食堂抵半个指导员

治淮工地战线长，民工队伍动辄数万、数十万，加之工程施工都是重体力活，工地食堂的伙食好坏直接关系到治淮工程建设的进度和质量。这是一项非常重要的工作。

治淮工地没有开办食堂之前，基本上都是由各小队抽出人员负责做饭。由于没有专职炊事员，加之管理不善，食材采购随意性很大，饭菜品种少，味道单一，不符合众人口味。对此，民工们普遍意见较大。

苏北治淮总指挥部在开展治淮工程的同时提出了"办好工地食堂，让大伙儿吃饱，吃得满意，让食堂抵上'半个指导员'"的口号。各县总队积极响应号召，在所属大队和中队层层召开会议，广泛听取众人想法，采纳合理建议，成立各级伙食管理委员会，负责办好工地食堂。

各个开办食堂的大队和中队从粮食买卖及饭菜成本计算入手，明确工地食堂各岗位分工。首先，确定一名责任心强的干部担任工地食堂的司务长，再根据各食堂就餐人数，从民工中招聘会红白案的炊事员和挑水择菜的小工，并规定食堂工作人员吃饭不用饭票，但月底按人均饭量扣除伙食费。其次，将原各小组用于做饭的炊具集中使用，司务长根据统计的就餐人数进行煮饭，在粮食供应不超过国家规定标准的前提下，大搞"菜篮子"工程，保证民工们吃得饱、吃得好。

印制工地食堂就餐券，实行凭券就餐制度。就餐券分为一分、二分、三分、五分四种。每天，食堂将三顿饭煮好后，众人根据各自的饭量凭券购买。在菜蔬方面采取集资办法，每人一角钱，用于购买蔬菜；油则按照每人规定的量食用。为解决就餐时人多拥挤、秩序混乱的问题，各工地食堂均采取分组轮流打饭的方法。如某小队120人，全队分为4组，每组30人。到吃饭的时间，甲组可先收工去吃饭，这时乙组和丙组继续做工；待甲组返回工地后，乙组再去吃饭。轮流吃饭的办法有效解决了就餐时拥挤混乱的问题。

在治淮过程中，不少县总队在工地上实行食堂制，收到了良好效果。总结起来，大致有如下几个方面的特点：1.通过开办工地食堂，节约了粮食。由于治淮工程实行的是按需供给制，超出的部分钱款由民工承担，这样就打破了过去浪费粮食的现象，节省下来的钱都是自己的。2.工地开办食堂后，保证了每天饭菜的品种和质量。3.减少了各小队配备的炊事员，把这部分劳力用到工地上，可以增加民工的劳动出勤率。4.工地开办食堂后，挑水和烧饭都有专人负责，保证了食品安全。此外，驻地的每个工棚内都砌起"土柜子"，用于放置众人的碗筷，实现就餐卫生化。不仅如此，连民工们的洗脸水和洗脚水也由食堂负责烧好后送到驻地工棚。工地开办食堂，省去了以前民工收工后还要自己做饭的辛苦，且有了充足的休息时间，可以有更多的精力投入到工作中。

民工都有"私人医生"

治淮水利工程周期长，战线铺设广，民工主要从事重体力劳动，加之生活不规律，各种疾病很容易发生。因此，建立健全工地卫生机构，营造良好卫生环境，打造一支健康的治淮大军，便成为苏北治淮总指挥部的一项重要工作。

做好工地卫生工作，首先要建立健全卫生机构。在苏北治淮总指挥部层面建立起三级医疗组织，在直属的各地工程处建立治疗所，供重病员疗养；在各工地上的指挥部建立门诊所，负责一般轻病员的治疗；直属工程大队设医生和卫生员若干人，负责日常卫生宣传教育及抢救患急性病的民工。

各县总队负责本总队的卫生医疗工作，设立卫生委员会，由行政领导负责。下设卫生科和工地临时医院，分别负责总队的卫生管理和工地医疗工作。区大队设立医疗急救站，配备急救药品和医用消毒物品。大队成立卫生分会，中队成立卫生支会，分队设卫生员。各个工棚则建立卫生小组，由炊事员兼任小组长，负责与中队联系。

各级医疗组织本着"建立制度，加强宣传，依靠群众，预防为主"的宗旨，根据工地不同的施工情况，因地制宜地积极开展卫生医疗和宣传教育活动。利用工地快报、黑板报、广播站等方式，通报各队卫生好坏情况与疾病发生情况。宣讲的内容通俗易懂、简明扼要，多用发生在民工们身边的实例来说明。这些措施增强了民工们的卫生知识，使他们养成了良好的卫生习惯。

参与治淮工程的民工来自各地，生活习惯大不相同，许多人对于卫生常识了解不够，必须通过积极管理，来保证民工的健康。对此，苏北治淮总指挥部采取多种措施，积极做好卫生管理工作。

在民工来工地之前，除对他们进行生活卫生常识教育外，还必须补种

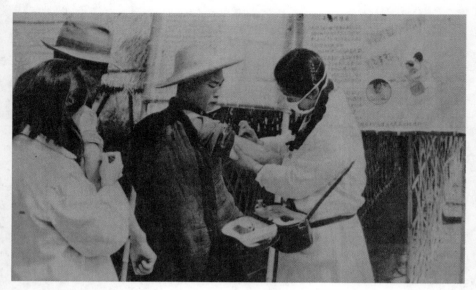

三千余名医务工作者组成了七个医疗大队，为民工服务

牛痘，打防疫针。事前未及种痘打针的，到达工地后要补种补打；提前派人去工地踏勘住宿地点、修建好工棚，并调查驻扎地有无传染病流行；民工队伍出发后，途中要再进行一次生活卫生宣传教育，各小队检查本队人员携带的饮食用具及被子、衣服、鞋子等，以防筹备不周。

民工在工地安置妥当后，首先要做的就是把锅灶安好，保证按时供应饮食；选择干净场所挖水井，保证水源清洁，禁止民工喝生水，以防肠胃病；以中队为单位建立起卫生委员会，订立卫生公约，指导炊事员在提高烹调技艺的同时，更要注重食堂卫生；卫生委员会的成员在每次饭前都要检查食堂的饭菜质量和卫生状况。针对开展社会主义劳动竞赛期间民工劳动量较大的实际情况，规定劳动时间，强制民工休息。同时加强食堂管理，保证饭热水开，供应及时。

工地卫生环境状况的好坏事关疾病预防的成败。如果工地环境不清洁，生产和生活垃圾遍地，病菌滋生，工人们就容易生病。因此，苏北治淮总指挥部对工地的卫生环境十分重视，采取各种积极措施，努力杜绝疾病根源。

1952年，苏北导沂整沭工程司令部成立了卫生处，建立起了相对完善的三级医疗组织，具体负责工地上的医疗卫生工作。平时组织医疗队往返各工地为民工巡医治疗，同时配合苏北防疫大队建立工地化验组，结合各县镇乡的中心卫生院建立工地流动手术组，及时解决工地上发生的疑难病症和必须开展的医疗手术工作。此外，他们还针对工地上可能暴发的疫情，建立起工地疫情定期汇报制度，随时掌握最新情况。

1953年，各县总队普遍订立了卫生公约，把可能导致疾病的重要事项写入公约。如兴化县总队的卫生公约规定了"五要"和"五不要"。"五要"：吃饭要细嚼慢咽、铺草要常晒、做工要少穿衣服以防止出汗后脱衣受凉、棚舍内外要清洁、饮食要干净。"五不要"：不要吃生冷食物、不要吃腐败和脏东西、不要喝生水、不要露宿、不要暴饮暴食。

灌云县总队杨集大队制订的卫生公约中有"三查、三不吃"。"三查"：查棚舍和厕所卫生、查民工饮水和食品、查碗筷锅和衣服。"三不吃"：不吃生冷不熟的东西、不吃得过饱、不蹲在风口吃饭。

1954年，宝应、高邮和江都县总队所属的各大队医务人员提出了"三勤一不"的口号。"三勤"："勤跑"：每日深入工地现场、工地食堂和工棚宿舍进行医疗巡查，及时处理各种病患；"勤说"：多与民工交谈，耐心讲解卫生常识，督促检查环境卫生；"勤做"：给患者细心诊断病情，对症下药，争取药到病除。"一不"：通过认真负责的医疗措施，确保工地不发生重大医疗事故。

中华人民共和国成立之初，百废待兴。治淮工地的医疗人员极为缺乏。为提高医护人员的思想品质和医疗水平，规定医护人员每天必须保证一小时的学习时间。

从1952年至1956年的数年间，苏北治淮总指挥部先后领导开展了导沂整沭、三河闸修建、苏北灌溉总渠开挖、里运河整治和血吸虫病防治等诸多重大治淮工程及其配套工程。在上述工程施工期间，三级医疗机构运行正常，医护人员认真负责，在保证治淮民工身体健康、促进工程顺利开展等方面发挥了良好的保障作用。

让百姓出地"不吃亏"

治淮是一项涉及项目多、资金投入大和征用土地多的建设性工程，在施工中避免不了征用土地的问题。征用土地是一项很复杂的工作，它需要工作人员熟悉党的方针政策，了解当地的风土人情等。

在具体工作中，除了对所要征用的土地、房屋、青苗等按政策进行补偿之外，还包括对涉及地区的群众实行迁移和安置。同时还要解决治淮工程建设用地的历史遗留问题，妥善保障被征地百姓的正常生活。

苏北治淮总指挥部在开展治淮工作中认真执行党的方针政策，努力做到合理征用土地，妥善使用资金，精心安置百姓生活，从而收到了良好效果。

在具体工作中，各总队认真贯彻执行治淮征用土地补偿政策，按照"解决生产资料为主，生活资料为辅"的原则，调补公地以及移民留下的土地进行分配安置，达到"以田补田、妥善安置"的目的，确保百姓的正常生活水平。如在治淮工程中，江都县围垦了艾菱湖、荇丝湖和渌洋湖共1.9万亩荒地，用于安置移民，解决了迁移户中部分群众缺地的问题，并扩大了耕地面积。另外，施工单位在工程建设中还本着"节约用地"的原则，在不影响工程建设质量的前提下，尽量利用荒地，减少耕地的使用。

治淮工程建设中，各级治淮单位认真贯彻国家建设征用土地补偿办法，执行省政府的有关标准，在按照政策征地的同时努力节省补偿经费。当时，治淮沿线各地普遍存在土地历史遗留问题，导致征地费用支出预算偏高，治淮工程建设成本大幅上升。对此，苏北治淮总指挥部经过深入调研，对照政策，反复研究，具体核对，努力降低经费支出。如苏北灌溉总渠开挖时正值秋收季节，为使农作物不受损失，参与施工的各县总队组织起来，对被征地里的庄稼进行抢收抢割，既收获了粮食，也节约了经费。

虽然治淮工程征用土地补偿工作取得了不少成绩，但在实施过程中也存在着一些问题：1. 部分施工单位把征用土地补偿与解决社会困难混淆处理，出现了"不应补而补、不应迁而迁"的情况。2. 部分农户只有少量的田地被占用，并没有达到补偿标准，却也被按照历史遗留问题进行了补偿；有的田亩过去已经补助过，但由于工作人员执行政策不力、田亩审查不严，造成二次补偿。3. 还有的施工单位财务制度不严，手续紊乱，未做到专款专用，随意将征地补偿经费用作解决社会问题。另外，个别地区对征用土地的意义、处理办法宣传不够及时，导致被征用农户思想混乱，工作处于被动状态。

针对征地补偿中的种种问题，苏北治淮总指挥部采取"一事一策"的处理办法，深入调查研究，进行全面规划。

在治淮工程建设中，通过对征用土地赔偿标准进行具体和细致的规定，稳定了群众的思想，节约了征用土地的赔偿经费，进一步推进了苏北治淮工作的顺利开展。

大力开展"民爱民"活动

参加治淮工程的民工多，其生活习惯与当地居民各有不同，衣食住行也占用了当地的生产和生活资源。时间一长，双方难免会产生各种矛盾。对此，苏北治淮总指挥部在开展治淮工程中，大力开展"民爱民"活动，积极引导民工与当地居民团结互助，共唱"治淮歌"。

具体做法：1.建立健全治安组织。各县总队（指挥所）建立起治安委员会，成员五人至七人，由总队（指挥所）政委担任主任委员；各大队也建立治安委员会，成员三人至五人，由大队教导员担任主任委员；中队则建立起治安小组，成员七人至十人，由中队指导员或中队党支部书记担任小组长；各小队则设立治安员。2.治安工作光靠几个人是绝对不行的，必须发动群众，掀起群众性的治安运动，才能做好治安工作。治淮民工队伍到达工地后，普遍接受三防教育（防特、防险、防盗）、三保教育（保安、保资、保纪）和三护教育（护粮、护草、护仓），及时揭发特务的罪行及其阴谋活动。3.严格管制不法分子。各地民工队伍到达工地后，对随队来工地劳动改造的不法分子严格登记，并采取管制与改造相结合的方法，对其实施管理。具体操作程序如下：首先，各县总队登记汇总各类不法分子，大队摸清被管制人员情况，中队召开群众大会，宣布被管制人员名单。其次，被管制人员分别编入小队，加强劳动改造和管制。对在管制期间未积极改造、寻衅滋事者进行严肃处理。定期对被劳动改造的管制人员进行训话，并提醒民工时刻监督身边被管制人员的言行举动，遇有异常情况，及时举报。

　　加强工地"三护"，是苏北治淮过程中各县总队时刻加强的一项重要治安工作。三护指的是护粮、护草、护仓。凡逢工地进行粮草运输之类的重要工作，均邀请地方部门协助，派遣武装人员押运。粮草入仓后，或组织民兵看守，或组织当地居民成立护粮草小组看守。同时，严格审查途中各粮草转运站人员的政治情况，防止坏人趁机破坏。

　　一方面要审查工地内部人员，一方面要了解地方政治情况。同时，要制定爱国治安公约。爱国治安公约主要包括以下内容：1.不准私带武器，已经带来的交由总队（指挥所）统一审查登记。2.严格保管炸药，遵守爆炸纪律。3.防止火灾，万一发生，立即予以扑灭，必须追查责任。4.制定商贩经营规范，以防扰乱工地秩序，民工不得强买强卖或抬高物价。5.严格保管公共财产，防止盗窃、遗失或损坏。6. 取缔封建会道门及在工地上的非法活动。7. 工棚不准私留客人住宿，来客须当日报告。8. 严禁乱捕、乱抓、乱罚；对不法分子的处理，必须经过批准，反对无组织、无纪律的现象。9. 遵守群众纪律，禁止砍树、偷草、拔菜、损坏青苗、强借强卖等事情发生。10. 杜绝谣言，如有发现，立即追究，打击反革命分子。

苏北的治淮实践充分证明：凡是有健全的治安组织，事故发生的就很少。如泗阳县总队建立治安小组 330 个，配备治安员 1090 人。其中党员、团员 530 人，劳动模范 65 人，其余都是政治可靠的积极分子。凭借这支治安队伍，泗阳县总队有效保证了治淮工程任务的顺利完成。

在日常工作中，苏北治淮总指挥部尤其注重民工队伍与当地居民的和谐团结。大力开展"民爱民"活动，促进民工与当地居民团结互助，共唱"治淮歌"。"民爱民"活动主要从两个方面开展。在民工队伍方面，各县总队、大队和中队普遍开展"民爱民"教育，使民工们明白天下农民是一家，要相互关爱，共同发展，并在此基础上制定出工地"三大纪律、八项注意"，要求民工严格遵守。在居民教育方面，积极配合地方政府，召开居民座谈会，广泛征求意见，发动当地群众帮助民工排忧解难。

"民爱民"活动的深入开展，有效消除了双方隔阂，治淮工地上呈现出了民工与当地居民融洽相处、团结共建的新气象。在治淮工程开始时，灌云县居民组织慰问队伍，敲锣打鼓地来到工地慰问民工。治淮工程结束后，当地居民又集体欢送、献锦旗。在开挖苏北灌溉总渠时，灌云县民工驻地附近的居民们主动上工地，帮助挖河运土。对于当地居民的真诚举动，民工们亦心怀感激，他们积极帮助居民挑水扫地。歆集大队还捐出 650 斤大米用来救济当地的灾民。

第八章

丰碑

治淮委员会曾山主任亲到润河集工地视察

丰
碑

中国共产党和人民政府为了淮河沿岸的长治久安，开展了大规模的治理淮河运动。百万农民以改造家乡山河为信念，积极主动投身到治淮大军行列中，在治淮工程中贡献着自己的力量。

党和国家对治淮民工的深切关怀，激发起民工们的冲天干劲。广大人民群众也积极拥护治淮工程，纷纷尽其所能，为治淮服务。

来工地慰问的各级政府、民众团体络绎不绝。志愿军英模代表团也来到治淮工地报告他们在抗美援朝战场上英勇打击侵略者的英雄事迹。甚至还有许多国家的来宾到治淮工地参观，翻身解放了的中国人民用征服淮河的壮举与魄力生动地向世界展示了治淮水利建设的巨大成就。

从十年九淹到河防安澜

淮河是一首流淌的诗，绵延不绝，记载着两岸百姓与之难以言说的恩恩怨怨；淮河又是一首悲伤的歌，如泣如诉，倾诉着经历的自然灾害和辛酸苦痛。历史上，淮河水旱灾害频发，为害不少。其实，罪不在山水，而在历代统治者治水的力度与举措。

淮河流域是由淮河和沂河、沭河、泗河水系组合而成。因地域不同，因此洪水的特性也各有不同。淮河干流水系的洪水主要来自河南省的伏牛山区，流经洪泽湖入江或入海，干支流全长 1000 多公里。其中，王家坝以上为上游，王家坝至洪泽湖三河闸为中游，洪泽湖三河闸以下为下游地区。

淮河流入江苏省后便被废黄河分为了两部分，即淮河下游区和沂、沭、泗区。淮河下游区位于废黄河以南，在江苏境内面积为 3.97 万平方公里，涉及苏北里下河地区的淮安、扬州、泰州、宿迁、盐城、南通、南京等 7 个市。该区域承受着淮河上中游 15.8 万平方公里面积来水，均汇集于洪泽湖。洪泽湖水经三河闸调节分洪之后，分别由入江水道、苏北灌溉总渠和新沂河入江入海。

苏北里下河地区地势低洼，属于江苏北部的"锅底"，历来进水容易，排水困难，因此极易受涝。而沂河、沭河和泗河则发源于山东省的沂蒙山区，位于废黄河以北，在江苏境内的流域面积为 2.56 万平方公里，涉及徐州、连云港、宿迁、盐城、淮安等 5 个市。该地区在 1949 年后先后发生了数次洪水，洪水经人工开挖的新沂河和新沭河入海。与淮河洪水相比，沂河、沭河、泗河洪水出现时间稍迟，历时短，但来势迅猛。

据不完全统计，从 1194 年黄河夺淮入海至 1948 年的 754 年间，淮河流域共发生 594 次水灾。在这些频发的水灾中，尤以 1931 年的洪水规模最大。1931 年 6—7 月，淮河流域连降三次大暴雨。暴雨范围涉及河南、安徽、山东、江苏 4 省约 140 个县市。洪泽湖水位 8 月 8 日达到了 16.25 米，洪水流量 16200 立方米 / 秒。高邮御码头水位 8 月 15 日达到历史最高值。8 月 26 日凌晨，狂风漫卷，暴雨肆虐，高邮湖发生湖啸，湖水由西向东

民工们将装满大石块的竹笼推向河心，堵住急流

民工们在抬筐运土

堤直冲过来，以致全堤漫水。到了凌晨5点，城北挡军楼、御码头、七公殿等处堤坝先后溃决，其中挡军楼决口竟达550米。顿时，洪水直扑城北、城东，高邮城瞬间一片汪洋。溃堤后，高邮和里下河各县尽成泽国，百姓受灾严重。据记载，这场灾难使里下河地区的1300多万亩农田颗粒无收，倒塌房屋213万间，财产损失达2亿元以上，受灾民众约350多万人，有140多万人逃荒，77000多人死亡，其中被淹死的有19300多人。

1954年，淮河流域又发生了一场大洪水，但中华人民共和国成立后修建的大小治淮工程经受住了严峻考验，发挥出了巨大的排洪泄洪作用。

首先，淮河上游河南省境内修建的4座大型水库和5个低洼地蓄洪工程，共拦蓄洪水7.10亿立方米，发挥出了削减洪峰的巨大作用，全省减少农田受淹面积200万亩以上。其次，位于淮河中游安徽省境内的佛子岭水库大坝及时发挥了拦洪蓄水的作用。当年7月，佛子岭水库连降5次大

1954年水涝灾害区域示意图

暴雨，出现了有水文记录以来的最大洪水。7月22日，最大入库流量达到6050立方米/秒，共拦蓄洪水4.10亿立方米，保障了70万亩农田的安全。洪水期间，淮河中游地区的蓄洪、行洪区以及非确保区共拦蓄洪水300亿立方米。这些拦蓄洪水工程的运行，在保证淮河大堤和淮南、蚌埠两市的安全，以及津浦铁路的畅通方面都发挥出了巨大的作用。

位于淮河下游的江苏省，境内的洪泽湖控制着淮河上、中游的大量来水。自1954年7月4日起，洪泽湖的水位开始上涨，至7月底共有3次洪峰入湖。7月6日，三河闸提前全部开启；7月7日、7月17日、7月28日，分别出现入湖洪峰流量10650立方米/秒、11200立方米/秒和15800立方米/秒。其中，三河闸最大下泄流量为10700立方米/秒，超过设计流量2700立方米/秒。同日，高邮湖水位涨到9米，并于8月25日达到了历史最高水位。因防洪措施得当，确保了大运河堤防的安全。

8月1日，中央人民政府政务院向参加淮河防汛抢险的工人、农民、学生和机关工作人员发来慰问电，要求各地参与防汛的全体人员要"严密注意，坚决防守，克服一切困难，再接再厉，为争取最后战胜洪水而奋斗"。党和政府的关怀给了抗洪一线广大干部群众极大的精神鼓励。

8月2日，扬州、盐城、淮阴三个专区动员大量民工加高加厚苏北灌溉总渠大堤，仅用10多天时间就将大堤平均加高了1.2米。

8月15日，洪泽湖大堤五里牌地段突然发生严重漏水，形势十分危急。在场的数百名干部和民工奋不顾身地跳下湖里进行堵塞，奋战十多个小时后，终于排除了险情。

8月25日，随着洪泽湖加大泄洪流量，高邮湖水位达到了9.38米，邵伯湖水位也达到了8.78米，都是中华人民共和国成立以来的最高水位。高邮湖里的涌浪超过2米高，猛烈冲击着大运河的老西堤，万家塘、杨家坝等险段上的挡浪柳排和柳石枕都被巨浪打翻，形势十分危急。就在这个危急时刻，上千名护堤的干部和民工纷纷跳进湖水里，用身体挡浪护堤；

大堤上的人们则加紧施工，重铺挡浪柳排和柳石枕。一直到风停雨住，大堤平安，人们才上岸休息。就这样，在防洪大军的奋力拼搏下，终于保住了运河大堤。

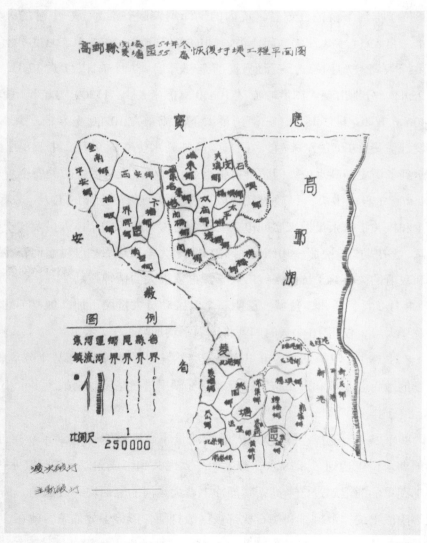

高邮县闵塔区（1954年冬）、菱塘区（1955年春）恢复圩堤工程平面图

中央治淮视察团来了

1951 年 5 月，政务院政务委员、素有"和平老人"美誉的邵力子先生率领中央治淮视察团赴治淮工地检查工作。临行时，毛主席亲笔题词"一定要把淮河修好"，并嘱咐要将这一题词制成四面锦旗，分送治淮委员会和河南、皖北、苏北治淮指挥部，以此表达中国共产党和人民政府根治淮河的决心。

1951 年 5 月 3 日，中央治淮视察团一行 32 人在邵力子的率领下先后前往皖北、河南、苏北，向治淮大军表示慰问，并将毛主席题写的"一定要把淮河修好"的锦旗分别授予治淮委员会及豫皖苏三省区治淮机构。

中央治淮视察团从北京出发前，发表了《中央治淮视察团告淮河流域同胞书》。文中说："……这一个初步的成就是伟大的，也是经过极端艰苦的奋斗得来的。在这个奋斗的过程中，各级干部和群众同艰苦、共患难，对于抢救灾民，组织生产，动员修堤治水，都发挥了坚强无比的领导作用和刻苦牺牲的精神。沿淮同胞亦在诸多缺乏的条件下，对于救灾治淮，始终抱着坚定的信心。在水灾之后立即抢种了晚秋作物，组织起副业生产，并在冰天雪地中受冻忍痛，继续做着治水工作。在各级干部和群众中不断出现了许多可歌可泣的故事，真是使人感动！使人钦佩！"

文中对比了今天治理淮河的方针、计划和过去反动统治时代的显著差别，治水工作从未像现在这样受到应有的重视。只有当政权掌握在人民自己手里的时候，河流的治理才能真正做到上下游统筹兼顾，全面考虑各方面的利益，然后掌握重点，分别缓急，有步骤、有计划地进行全流域的开发。现在的治淮方案正是这样一个全面性的规划。"只要治淮全部计划胜利完成，我们对于全部水流能够控制利用，则今日泛滥的洪水，即变为丰沛的资源；今日蓄洪的湖泊，即变为灌溉的水库；今日排洪的河槽，亦可成为舟楫往来、交通运输的要道。""今日长期受害的灾区，很快会变为农

邵力子向治淮委员会授旗

产丰富、生活宽裕、繁荣茂盛的乐园。这并不是空想，而是你们正在亲手劳动，将来必然出现的事实。"

当年5月31日，邵力子率领的中央治淮视察团抵达扬州。古城扬州顿时沸腾了，各界群众举行盛大集会欢迎视察团。邵力子将毛主席亲笔题写的"一定要把淮河修好"的锦旗赠送给苏北地区的治淮机关。

毛主席和中央人民政府的信任和关怀如春风化雨般温暖了百万治淮大军的心。苏北治淮工地群情振奋，人们奔走相告，争相传诵主席的伟大题词，改造家乡山河的信心更足了。

著名国画大师徐悲鸿先生在报上看到了鲁南、苏北兴修水利的消息，感慨新旧社会的巨大变化。1951年3月底，他率弟子来到治水工地体验生活，现场作画，反映劳动人民改天换地的动人场面，并为《导沭报》题词，赞扬该工程的重大意义："模范同志们，你们英勇创造出来的纪录，可与我们在前方抗美援朝战士们英勇光辉的战功同垂不朽。"

与此同时，北京电影制片厂专程来到工地拍摄纪录片；《人民日报》和《苏北日报》连续报道了工程的进展情况，给工程技术人员和广大民工以极大的鼓励。

水利部长被"活捉"

1951 年 4 月 19 日，时任水利部部长傅作义、副部长李葆华偕苏联水利专家布可夫等人在中共安徽省委书记、治淮委员会副主任曾希圣陪同下沿着淮河进行了实地勘查。进入苏北地区后，由苏北行政公署主任惠浴宇陪同考察。

在傅作义考察苏北治淮工地时，还发生了一件有趣的"小插曲"。解放初的苏北地区落后贫穷，消息闭塞，加之淮河两岸又曾经是淮海战役的主战场，因此有些村庄农舍的墙壁上还书写着战争年代的宣传标语，如"打到南京去，活捉蒋光头""打到北京去，活捉傅作义"等。

当时，陪同的人员也没注意到这些标语。傅作义走村入户，和农民们聊天，不可能看不到这些标语，但他从未提起。陪同的苏联专家布可夫看到这些标语后，便很好奇地询问随行的翻译。当他得知标语内容时，便指着标语批评说："你们对傅部长太不尊重。明明知道傅部长要来，为什么还留着这个？"

直到这时，苏北行政公署主任惠浴宇才发现出了问题。他立刻叫来随行的公安局局长，令他赶快涂掉这些标语。惠浴宇还当场向傅作义进行了道歉。对此，傅作义呵呵笑着说："不妨碍、不妨碍。我本来就是旧军人，是共产党公布的 43 名国民党战犯之一嘛。但现在我这个战犯开始为新中国的水利事业出力了。"一番话，赢得四周一片掌声。

在惠浴宇的陪同下，傅作义检查了位于淮河下游的入江水道进出口等。一路上，"父子齐上阵，兄弟争报名，妇女不示弱，夫妻共出征"的情景比比皆是。百万民工和工程技术人员奋战在漫长的治淮工地上，紧张而愉快地劳动着。

傅作义返回北京后，依旧沉浸在治淮工地上的所见所闻中。他的内心深处一直被深深感动着，他给家人详细讲述了此行遇到的一切，和老朋友们畅谈中华人民共和国成立后的巨大变化。

他在文章里深情地写道："……我所看见的一切，真是满眼都是力量，满眼都是希望……使我深刻体会到毛主席所领导的革命的意义。历史上没有一个政府，曾经把一个政令、一个运动、一个治水的工作，深入普遍到这样家喻户晓的程度，这是一个空前的组织力量。依靠共产党的领导，人民政府是深深地扎根在每一个角落、每一块土地、每一个人心的深处，因此人民政府的力量是不可摇撼的伟大。有了毛主席和共产党，我们不仅能够治好淮河，我们能够做好一切应该做好的事情。"

中华人民共和国的治淮工程一开始，就是在苏联专家的帮助下进行的。当时受聘在淮河治理委员会工作的有苏联水利专家布可夫、沃洛宁和苏联地质学家克洛特基等人。

布可夫和苏北治淮总指挥部里的中国专家王元颐、陈志定等人一起深入到淮河下游各闸坝堤岸，现场摸情况、搞调研。在此基础上，他们制定出了苏北地区首期治淮方案，并上报治淮委员会。1951年4月，治淮委员会工程部提出了《关于治淮方略的初步报告》。这是新中国治淮的第一个总体规划文件。其中，淮河中下游地区的整治方案就是布可夫和各地专家一起研究制定的。

为了感谢苏联专家对中国治淮工程的帮助，《苏北日报》先后刊登了《苏北三河闸工程用苏联经验挖闸工程基本完成》《苏联专家布可夫对三河闸

治淮委员会专家在视察

民工们冒着严寒在工作

治淮委员会副主任曾希圣、秘书长吴觉在工地上和民工交谈

工人们在拥护缔结和平公约的宣言上签名

工程的贡献》《学习苏联先进水利建设经验的收获》《感谢苏联专家布可夫同志对我们治淮工程的帮助》《帮助我国水利建设的苏联专家布可夫》《感谢苏联专家帮助治淮工程，张振芝民工小组写信给布可夫》等文章，高度称赞苏联水利专家对新中国治淮运动的无私支持。

各国来宾参观治淮工地

中华人民共和国成立之初，仅用短短几年时间便使得淮河流域发生了翻天覆地的变化。中国的治淮运动取得了举世瞩目的成就。这期间，随着我国外交事业的发展，世界各国的朋友纷纷来到我国参观游览。其中的淮河治理工程，是他们必须要去的地方。淮河沿岸的洪泽湖大堤、苏北灌溉总渠、三河闸等水利工程，是治淮建设中具有代表性的重点工程。外国朋友通过参观考察，对中华人民共和国有了更加深刻的了解和认识，切身感受到了社会主义建设事业的蓬勃发展。

1952 年 5 月 17 日，《苏北日报》发表长篇通讯报道《应邀来我国参加"五一"节观礼后，世界工联和各国工会代表访问苏北——各国工会代表参观"治淮"》。

文中提到，应中华全国总工会邀请，前来我国参加 1952 年"五一"观礼节的世界工会联合会代表、各国工会代表团一行 124 人在中华全国总工会副主席刘宁一、中国纺织工会全国委员会主席陈少敏、中华全国总工会组织部部长许之桢等陪同下来到苏北参观。5 月 16 日下午 1 时许，代表团抵达扬州。

前来苏北参观的贵宾包括苏联工会代表团、罗马尼亚工会代表团、丹麦"五一"节观礼代表团、瑞典工会代表团。代表们参观了苏北治淮工程展览会，并听取了苏北行政公署主任惠浴宇作的关于苏北治淮工程的报告。

各国代表们还参观了苏北灌溉总渠、杨庄活动坝及淮阴船闸等工程。在参观高良涧进水闸时，各国代表热情地和民工们一起工作，帮助运输工人推送水泥。他们还把各国的工会会章赠送给民工们，并与治淮英雄合影，现场气氛极为热烈。来宾们一致认为：苏北人民和全中国人民一样，正在进行着历史上所不能做到的伟大工程。这充分说明了人民民主制度的优越性。

1952年10月24日，参加亚洲及太平洋区域和平会议的加拿大、美国、日本、越南等国的代表和新闻记者一行61人到治淮工地参观。10月28日，印度、缅甸、巴基斯坦、新西兰、澳大利亚等国及亚澳联络局代表和美国记者一行89人到治淮工地参观。越南人民访华代表团访问了治淮工地后，撰写了《我们对治淮工程的感想》。文中盛赞我国治淮工程的伟大意义。

《和平代表在苏北治淮工地上》一文用较大的篇幅记述了1952年10月外宾来苏北治淮工地参观的情况。在这期间，加拿大代表在淮安船闸工地上访问了民工小组，美国代表访问了淮安乡下的一户农民，印度代表邀

工地上的宣传工作

请劳模代表徐桂英等进行座谈，表达了和平代表们对于从事和平建设的劳动人民的热爱之情。

世界各国的友人们来到治淮工地上参观，通过翻译的详尽介绍和耳闻目睹，他们感慨地说："《圣经》上说要修一条通往天堂的路，但靠精神力量却没有修起来。如今，中国人民正在依靠自己的双手修建一条天堂之路。"

媒体聚焦治淮工程

在治淮取得巨大成就的大背景下，当时中共苏北区委领导下的新闻宣传工作同样开展得红红火火。新闻媒体积极融入这场举国治淮的热潮之中，用手中的笔热情讴歌治淮工地上的广大干部、技术人员和民工群众为改变家乡山河而舍小家、为大家的一桩桩动人事迹……

如今，走进扬州市档案馆，翻开《苏北日报》《新华日报》，可以清晰

群众运输队在运送粮食

地看到：一页页文字和一幅幅图片，无不真实记录着解放初期苏北地区百万民众大治淮河的英雄壮举。昨天的新闻报道已经成为今天的真实历史，为后人保留下了时代进步的一个个坚实印迹。

《人民日报》对苏北的治淮活动也进行了多次报道，使得苏北人民治理淮河的伟大业绩传遍全国，极大地激发了广大群众建设新中国的信心和热情。

1950年10月2日，《人民日报》在《一年来的水利建设》中记道：苏北运河防汛胜利，保障了1500万亩棉稻丰收。一年来，防汛工作最紧张的是淮河下游的苏北运河。苏北运河因受淮河中上游洪水的影响，8月上旬起就紧张防汛。沿河宝应、高邮、江都等10县约30万人投入运河的防汛工作，其中有5.8万人参加了抢险队等组织。

1950年10月16日，《人民日报》在《水利部召开治淮会议》报道中说：决定今冬以勘测为重心，明春全部动工，淮河入海水道测量查勘团已从扬州出发。为根治淮河水患，淮河入海水道查勘团已于10月1日从扬州出发开始进行勘查根治。该团由华东军政委员会水利部副部长汪胡桢及中央人民政府水利部工务司司长刘忠瑞领导，包括有关的九个单位共40余人，并由水利专家孙辅世、许心武，地理专家胡焕庸，土壤专家朱维新等参加。该团出发前曾在苏北行署开会讨论了查勘路线与内容。查勘团分为农村、工程两个小组进行调查研究工作，预计10月底完成。勘查工作完成后，即根据查勘资料，规划河线、入海口及工程方案。

1952年9月26日，《人民日报》刊登的《在苏北灌溉总渠上》记道：从江苏的扬州出发，沿着大运河往北行驶，走进淮河流域的下游地带。右边是一片绿荫掩映下的稠密的乡村和美丽的田园，左边是一望无际的湖水。淮河的中游经过洪泽湖，在这里又流进宝应湖、高邮湖和邵伯湖，倾泻着奔腾的流水。打开治淮工程计划的地图，人们就可以看见：在这里，将要穿过高邮湖和邵伯湖建筑一条淮河流入长江的水道。将来这条水道建成以后，整个一片湖水都将从这条水道里流干，湖底将被开辟成 150 万亩肥田。

《苏北日报》是成立于解放战争时期的中共苏北区委机关报，同时也是华中五地委机关报。该报于 1947 年 4 月 1 日创刊，出刊至 1952 年 10 月底。

当年，《苏北日报》刊登了大量有关苏北治淮的新闻报道。每一篇新闻报道都生动真实地反映了这场波澜壮阔的治淮运动。

1949 年 11 月，中共苏北区委、苏北行政公署和人民解放军苏北军区司令部联合发出《苏北大治水运动总动员令》，要求把治水作为压倒一切的中心工作，号召全体党政军民动员起来，以紧张的战斗姿态，组织一切力量，投入这一巨大的运动中去。

当日，《苏北日报》发表《紧急动员起来，投入伟大治水工程》的社论，告之苏北全区党政军民：苏北地区治淮兴垦的决定和计划已经正式公布，苏北党政军领导机构已经下了动员令，各分区也已先后制定治水、兴垦、救灾方案。数十万河工大军开始苏北空前浩大的治理淮河、兴修水利的伟大工程了。

11 月 25 日，《苏北日报》报道了导沂整沭第一期工程的开工典礼盛况，同时刊登了朱德的题词："化水害为水利。"

在当年那个没有电视，更无网络，连收音机都是奢侈品的年代，一张官方报纸基本上就是人们获取社会外部消息的主要渠道。《苏北日报》登载的国家决定正式开始治理淮河的喜讯，极大地鼓舞了苏北革命老区的干部群众。

1950 年 1 月 13 日，《苏北日报》报道了华东水利部在徐州和上海两市分别召开"沂、沭、汶、运治导会议"和"沂沭河治导技术委员会议"的消息。报道详细介绍了江苏和山东两省提出的治沂必先导沭的方针。通过《苏北日报》的报道，广大人民群众得知了"整沭"工程是中华人民共和国成立后江苏省境内大规模治理淮河的第一仗。而承担这一历史重任的，就是具有光荣革命传统的苏北老区人民。

"导沂整沭"工程开工之时正值冬季，天寒地冻，施工遇到了很多困难。为激发广大干部群众的干事热情，工程司令部发出了"开展爱国劳动竞赛运动"的号召，涌现出了大批劳动模范。有个民工叫王兆山，他带的铁锹大，一锹下去挖出的河泥有四五十斤重。工友们惊叹说：他姓王，锹大，挖的河泥又大，干脆就叫他"王大锹"吧。从此，"王大锹"这个名字就传开了。

记者在深入治淮工地采访时，敏锐地抓住了这个典型，对他的事迹进行了报道。报道刊登出来后，王兆山便成了工地上的"名人"。短短几天，工地上就有30多个民工班组制定了"追上王大锹"的社会主义劳动竞赛计划。挖河修堤工程结束后，王大锹的小组被评为全县一等模范集体，王大锹本人也被评为一等模范民工，并光荣地加入了中国共产党。

小车运土

苏北的导沂整沭工程于1952年12月底胜利竣工。新闻媒体予以报道，认为通过实施这项工程，从根本上治理了苏北的洪涝灾害，使得苏北里下河地区从此不再遭受水患之苦。

1952年5月12日，《苏北日报》刊登了惠浴宇的文章《苏北治淮工程报告》，指出：这样巨大的工程，我们预计需5年左右的时间可以完成。我们预定了如下的实施步骤，大体是：第一年要克服因淮河小雨而带来的小灾，努力减轻大雨大灾；第二年要解决淮河大雨时期的内涝，减少干流沿线的洪灾，并且尽可能地解决灌溉问题；第三年要完成干流与支流的基本疏浚，继续进行蓄水工程，基本上解决因淮河大雨而造成的大灾，进一步解决无雨旱灾的现象；第四年和第五年就要提高治淮速度，完成上述所未完成的任务。同时着眼于淮河、大运河河道的航运建设。

1952年6月4日，《苏北日报》在《华东防汛抗旱总指挥部成立》的消息中报道：华东军政委员会命令各地及早建立同样的机构。同年6月17日，《苏北日报》刊登《苏北防旱总指挥部成立》，惠浴宇任主任，常玉清、计雨亭、王伯谦、熊梯云任副主任。

1952年，苏北治淮总指挥部开工修建三河闸工程。这期间，苏北日报的记者长驻工地，通过发自施工现场的一篇篇新闻

劳动英雄模范

报道，及时向大众介绍三河闸的工程情况。

1953年7月27日，《苏北日报》在一版刊发消息：1953年7月26日，这是一个永载治淮史册的日子。清晨6时，3.5万名建设者和来宾参加了三河闸放水典礼。随着一声令下，三河水闸上的63孔闸门缓缓开启，滚滚淮河水奔腾而下。顿时，现场一片欢腾。昔日阻挡淮河洪水的归海五坝就此成为尘封的历史；洪水一来，遍地哀声、船行树梢的惨状也成为永久的记忆。

在困难的施工条件下，建设者们发扬艰苦奋斗的精神，在较短的时间内就完成了这座当时在淮河流域规模最大、质量较好的大型水闸工程。工程总共完成土方939万立方米，混凝土5.14万立方米，砌石7.82万立方米。对于此项工程，国家共投资2618.1万元，创出了新中国水利战线上的一个奇迹……

1952年8月5日，《苏北日报》刊登了苏北区委和行署关于《治淮第二年度工程完成》和《治淮两年的伟大成就》的报道，称：通过两年对于淮河的积极治理工作，加之淮河下游诸多大小水利工程的陆续投入运行，人们开始欣喜地看到，淮河已经开始为人民兴利。在此基础上，如果再次发生1950年那样的大洪水，也可以有效地保障里下河地区2400万亩农田不再遭受水灾。

1952年9月25日，《苏北日报》刊登长篇通讯《三年来我国水利建设的伟大成就》，称三年来，许多河流开始进行根本治理，强大的防御工程和强大的防汛组织相结合，使水灾面积逐年缩小，农田灌溉事业迅速发展。

1952年10月28日，《苏北日报》刊登《苏北第三期治淮工程开始》一文，记道：苏北第三期治淮工程已经开始施工建设，新中国第二大闸三河闸正在兴建。苏北第三期治淮工程包括11座大型水闸、12座涵洞……

这篇新闻稿以充分的事实告诉人们：治理江河水患，是人类历史上的

各地大学生参加治淮工程

附近的翻身农民都赶来参观治淮工程

已经完成的新堤

拦河闸工程

头号难题。尽管历史上出现过像大禹治水、李冰修筑都江堰那样的个别英雄事迹，但却从未有人对整个水患进行过根治。为什么中华人民共和国刚刚建立，党和人民政府就首先选择了这一重大难题，迫不及待地把根治淮河水患的重任担在肩上。尤其是当时国内物质条件十分缺乏，百废待兴，内忧外患。但就是在那样的困难情况下，共产党为了广大民众的利益，毅然向大自然宣战！如果不是一个真正为人民服务、不谋私利的政党，如果没有真正关心人民疾苦、充分相信和依靠人民群众的信念，这绝对是不可能发生的事情。

1953 年 2 月 4 日，《苏北日报》在长篇通讯《美丽的淮河》中记道：两年来，江苏治淮工程做了些什么事呢？在这里，笔者用一组数据来进行说明：我们把国民党政府留下来的破破烂烂的大运河堤，进行了加厚加高，从此可以防范淮河更大的洪水；我们在广阔的苏北大平原上用双手开辟了一条 170 公里长的灌溉总渠，从此让淮河有了入海的通道；我们在高宝湖、邵伯湖和大运河的这些湖河航道上修建了几十座大小涵闸。而有了这些涵闸、河道和堤防，我们就可以控制淮水和利用淮水了……

从 1953 年开春起，苏北平原地区持续无雨，3000 多万亩农田发生旱象。这时，几年里陆续修建的洪泽湖三河闸、苏北灌溉总渠及几十座涵闸、河道开始发挥抗旱灌溉的巨大作用。5 月 24 日，《苏北日报》发表《高良涧进水闸开始放水灌溉农田，淮安、宝应、高邮等县已基本解除旱象》，向社会各界报道：1952 年治淮工程中完工的苏北灌溉总渠上的高良涧进水闸，今年已经发挥引水灌溉的作用。5 月 14 日，高良涧进水闸放水灌溉农田，挽救了苏北部分地区的旱灾，并维持了运河的航运。

1953 年 6 月 28 日，江苏省人民政府召开防汛抗旱会议。《新华日报》及时报道了会议的主要内容：考虑到农民负担的问题，省政府规定了几项原则：1. 各主要河流原为国家投资的，汛前赶做的防汛工程仍由政府投资，按照现在的工资标准发放工资。2. 小型农田水利工程原由群众自办的，如果需要补做工程，仍由群众负担。3.各河流的抢险一律安排义务工，由沿堤有关地区的群众负担，余田地区的抢险由收益农民合理负担。4.各级政府为了支持农民防汛抢险，对主要河流，将供应主要抢险材料，如木料、铅丝、麻袋、石料等。在紧急抢险时使用的零星材料，如草绳、草包、柳枝、芦苇等，原则上由群众筹集。

此外，《苏北日报》和《人民日报》《解放日报》等国内诸多新闻媒体还登载了大量与治理淮河有关的新闻报道。以《苏北日报》《解放日报》为例，《苏北日报》刊登了《人民的新苏北——治淮民工挑冰块》《治淮第二年度工程中涌现模范约三万人模范单位约三千个》《是治水功臣又是生产模范——访问导沂特等功臣董大车》《在八九月间的三次暴雨中治淮工程胜利地经受洪水考验》《在治淮工程中的青年团员们》《苏北工业、治淮劳模以实际行动纪念志愿军出国作战两周年》；《解放日报》刊登了《中央生产防旱办公室发出关于防旱抗旱的紧急通报》《中央人民政府水利部发出关于加强冬季农田水利工作的指示》《治淮工程得到全国工人的援助》《参加治淮工程的解放军功绩辉煌》。

"扬州元素"成为"爆款"

中华人民共和国成立初期，苏北治淮工程总指挥部设在扬州，扬州理所当然地便成了苏北治淮的大本营。因此，与治淮有关的诸多新闻报道中，扬州的印迹和元素自然便有很多。

据报道，开挖苏北灌溉总渠尽管时间并不长，但广大来自扬州各县的民工们却在这个伟大的水利建设工程中显现了英雄本色。这是因为他们是被毛主席、共产党解放了的翻身农民，在这场战天斗地的历史话剧中，自然会迸发出冲天的革命激情。他们当中的一些人也自然会成为英雄模范

这个年轻的农民欢天喜地地牵着一头耕牛回家

民工们驾着斗车奔驰在工地周围铺设的轻便铁道上，将各种器材运往工程需要的地方

人物。

刘成亮，一位普通的苏北农民，在工地上也不过是带领 19 个人的小组长。然而，正是他研究出了"人、锹、担"三不闲的劳动组合方法，使劳动效率迅速提高。35 天的挖河泥任务，他的小组仅用了 16 天就完成了。接着，他又带领全组员工提前投入春季工程，把两季工程一次性提前完成。被评为工地特等劳模后，他想到的第一件事，就是写信向伟大领袖毛主席报喜。

曾经受到政务院嘉奖、受到毛主席接见的淮安县治淮特等劳模梁秀英带领着妇女小组，充分发挥"半边天"的作用，日夜奋战在工地上。她说："现在，男女平等了。挖河工，大伙儿的工作量也得分配一样多，少分一方，我也不答应。"接受任务后，她带领组员甩开膀子苦干巧干。她们根据运土的远近、挖土的难易和爬坡高低等不同的情况，适时改进方法，最后提前完成了任务，成了治淮工地上赫赫有名的巾帼英雄。

丰收的稻子

《苏北日报》还报道了治淮工地上热火朝天开展爱国劳动大竞赛活动的情况。高邮县的翟永丰小组参加劳动竞赛，每天的人均挖土量由 2.5 立方米猛增到 3.2 立方米。他们说"红旗插在我工地，眼光放在全专区，保夺红旗不相让，争先完成当模范"，充分表达了老百姓为早日改变家乡面貌，个个争先立功、人人争当劳模的豪情壮志。

1952 年 10 月 4 日，《苏北日报》登载《扬州，一片欢乐的海洋》；1952 年 10 月 5 日，《苏北日报》登载《苏北暨扬州市各界人民欢庆国庆节》；1954 年 5 月 14 日，《新华日报》登载《保证苏北里下河地区农田及时灌溉》；1954 年 6 月 19 日，《新华日报》刊登《高邮湖边的变化》；1954 年 8 月 6 日，《新华日报》刊登《高邮县各手工业生产合作社、组日夜赶制抢修防汛排涝器材》；1954 年 12 月 1 日，《新华日报》刊登《江都县归江长坝堵闭工程顺利进行中》；1955 年 7 月 6 日，《新华日报》刊登《扬州专区加强沿江沿河防汛工作》；1956 年 9 月 9 日，《新华日报》刊登《扬州专区运河沿线新建的"滚水坝"发挥作用：120 万亩水稻保证灌溉不再受旱灾威胁》。

翻阅那些泛黄的报纸，我们可以看到：省内外各新闻媒体在宣传报道扬州治淮工程的同时，还十分注重宣传工地民工的奉献精神，鼓励广大群众的劳动热情。1952 年 5 月 1 日，《苏北日报》在一篇《向工人老大哥学习》的新闻通讯中引用了治淮民工高老汉的话，表达了工农齐心治理淮河，共同改造家乡山河的豪情壮志。高老汉感慨地说："用船运来的钢铁器材成百上千斤重，我们几十个人都不能移动分毫，根本无法将它们移到岸上去。就在这时候，我们看到了令人难以置信的一幕：只见一位工人老大哥登上大吊车，发动机器，很轻松地便把这些沉重的钢铁家伙们一件件从船里吊到岸上。更神奇的是，这大吊车还能来回转动，真好。感谢工人老大哥帮我们修理淮河，又教我们学会技术。"

在《苏北日报》刊登的《我到北京去参加"五一"观礼的感想》一文

中，扬州振扬电厂的劳动模范张柏芳激动地说："解放后，家乡开展治淮，我积极报名参加，取得了一点成绩，就被大伙儿推举去北京参加'五一'观礼。这些发生在我身上的巨大变化，使我认识到我们工人已是国家的主人，应当发挥主人翁的作用，贡献出一切力量，建设祖国，为人民服务。因此，我要在工作中积极苦干，细心钻研，并团结其他工人兄弟，努力把生产搞好。"

欢庆丰收

第九章

回望

回望

1952 年 6 月至 1956 年 9 月，是中华人民共和国成立初期江苏治淮总指挥部从淮安南迁至扬州工作的时期。四年多的时间，在中华人民共和国半个多世纪的治淮历史中只是短短一瞬间。但这一瞬间，可谓弥足珍贵。扬州保存了治淮的一处处历史遗存和厚重泛黄的档案，那是老扬州人的深情记忆。苏北里下河地区的百万民众经过不懈努力，使千年水患化为水利，为构建江淮生态大走廊这一新时期奋斗目标打下了坚实基础。

70 年来，中国的治淮成就举世瞩目：沿淮河两岸初步建成了较为完善的集防洪除涝、灌溉和船运等于一体的综合水利工程体系；水库和蓄滞洪区的蓄滞洪能力超过 600 亿立方米；入海入江的泄洪能力由 20 世纪 50 年代初期的 9000 立方米 / 秒提高到如今的 24000 立方米 / 秒；淮河流域灌溉总面积超过 1.15 亿亩，为 20 世纪 50 年代初期的十几倍⋯⋯

今天，当我们翻开档案馆资料库里那一摞摞纸张早已泛黄了的治淮档案和图片时，当我们走在治淮礼堂、治淮新村时，不由心情激荡，脑海里闪过四个闪亮的大字——淮水安澜。

拂去沉淀在淮河历史深处的记忆灰尘，我们感到很有必要认真回顾和梳理中华人民共和国成立初期苏北治淮这一段尘封的历史，让半个世纪前的治淮成果得以生动再现。

重温和梳理治淮历史，对于今天江淮生态大走廊乃至整个江淮经济区的建设都大有裨益！

治淮伟业：一切从人民利益出发

1950 年 5 月，淮河流域再次暴发特大水灾，造成巨大损失。在国家百业待兴、财政困难的情况下，以毛泽东为核心的中国共产党第一代领导集体迅速发出了"治理淮河"的号召。这充分反映了党和人民政府治理淮河水患的迫切心情，也反映了新中国的治淮思想开始由"导淮"向"治淮"转变。这不仅对于治理淮河具有重要的历史意义，而且对当前的水利建设

数万船只云集沿淮各地运输器材、粮草

干部参加劳动

和防灾减灾工作也具有重要的现实意义。

中华人民共和国成立之初，党和政府十分重视治淮机构的组织和运行。当淮河流域各省区在治淮问题上出现矛盾时，毛泽东主席亲自出面协调。1950年8月30日，他批转中共苏北区委的治淮意见，认为导淮必苏、皖、豫三省同时动手，三省党委的工作计划均须以此为中心。他要求各省、各地区都要以治淮大局为先，统筹兼顾，保证治淮工作顺利开展。

20世纪50年代中后期，国内出现了两种不同的淮河治理声音。一种是蓄（以蓄为主）、小（小型为主）、群（群众自办），另一种则是排（排涝为主）、大（大型为主）、国（依靠国家为主）。这两种观点的焦点，实际上就是关于兴修治淮小型与大型水利工程是由群众自办还是由国家兴办的问题。当时，双方各执己见，引经据典，争论激烈。

针对这种情况，毛泽东旗帜鲜明地提出：一切大型水利工程，均由国家负责兴修。治理为害严重的河流及小型水利工程，例如打井、开渠、挖塘、筑坝和各种水土保持工作，均由农业生产合作社负责，进行有计划的大量兴修，必要时由国家给以协助。这种将"蓄、小、群"与"排、大、国"统一起来认识的思想，不仅推动了淮河治理工程的顺利开展，而且对新中国整个水利工程建设都具有重要的指导意义。在毛泽东的指示下，1950年10月14日，政务院发布《关于治理淮河的决定》，确定了"蓄泄兼筹，以达根治"的治淮方针，制定了"上游以拦蓄洪水发展水利为长远目标，中游蓄泄并重，下游则开辟入海水道"的治淮目标。

1950年11月，淮河治理工作正式展开。豫、皖、苏三省的百万民工奋战在淮河工地上；各级治淮指挥机构都设到了第一线；中国人民解放军组成水利工程队赶赴治淮工地；华东各大专院校土木水利系的学生们纷纷响应号召，积极报名参加治淮工作；卫生部门派出了大批白衣战士长驻治淮工地，为群众看病送医……为了实现治淮目标，淮河流域人民在中央人民政府的有力领导下，在很短时间内就建起了一批大中小型水利工程，大幅度提高了淮河流域的防洪泄洪能力。毛泽东一定要把淮河治好的决心以及变水害为水利的信念，是治淮工作在短期内便得以取得巨大成效的重要原因。

治淮的实践证明：中央领导做出治理淮河的战略决策，既是基于"治国必先治水"的历史经验，又是根据恢复生产和生活秩序、保障群众生命财产安全的现实要求提出来的。"蓄泄兼筹"方针的提出和统一治淮机构的建立，则是为了统一规划、统一治理。这样，即使各省在治淮过程中发生水利纠纷，也能够得到及时协调和化解。共产党和人民政府重视治淮、坚持全心全意为人民服务的宗旨，用铁一般的事实充分说明：一个强有力的领导核心，是国家各项事业得以持续发展的必要保证；一切决策只有维护了人民群众的最大利益，才能够得到人民的由衷拥护。

实事求是：尊重科学打基础

中华人民共和国成立后，百废待兴，加之抗美援朝，国家经济处于十分困难的境地。然而，党和人民政府迎难而上，依然作出了治理淮河的伟大决策。

在党中央、国务院和地方各级党委、政府的领导下，从 1950 年冬季起，开始全面治理淮河。根据治淮方针和规划原则，治淮委员会同水利部于 1951 年、1956 年分别进行了两次治淮规划，规划内容以防洪、除涝、灌溉为主，并包括航运和水力发电等。1950 年 10 月 1 日，淮河入海水道勘查团一行 40 余人从扬州出发到达淮阴，进行淮河入海水道勘测的前期各项准备工作。1950 年 11 月中旬，淮河下游工程局组织 500 多名技术人员和测量工人开赴苏北里下河地区，开始对入海水道工程进行大规模勘测。

1951 年初，治淮委员会编制了《关于治淮方略的初步报告》。报告明

水利专家们在进行水文勘测

水利专家们在精密地制定治淮计划

工地上的新式羊角压土机

上海工人在制造闸门和油压机等

确淮河下游的治理，重点是开辟入江水道。其目的在于使洪泽湖三河闸下泄的洪水能够顺利流入长江，降低高邮湖和宝应湖的水位，增加运河东西大堤的安全性。同时，在淮河枯水期内能使高宝湖大部分干涸，以便种植冬季农作物。《1951年度治淮工程计划纲要》提出，在淮河尾闾未整理以前，修建运河堤防和东堤闸洞工程，并要求在1951年夏季之前完成。这些工程包括灌溉、蓄洪、河道堤坝整理、涵闸和航运等五个方面。其中，仙女庙船闸工程、堵闭归江坝、里运河西堤堵口等大中型水利工程均在扬州境内。

　　1951年11月20日，中共苏北区委和苏北人民行政公署发布了《苏北治淮总动员令》，要求苏北的党政军民紧急行动起来，组织一切力量，投入治淮斗争。1952—1953年的下游工程，主要完成了三河闸修建工程，以控制洪泽湖水的蓄泄，从而保证里下河地区的安全，并为2580多万亩农田提供灌溉水源。同时完成的工程有控制西干渠（即里运河）流量的淮安节制闸、控制南干渠（即通扬运河）流量的邵伯节制闸、沟通洪泽湖与苏北灌溉总渠之间交通的高良涧船闸、沟通苏北灌溉总渠与里运河间交通的淮安船闸、沟通通扬运河与长江间交通的仙女庙船闸、沟通里下河与通扬运河间交通的泰州船闸等。1954年的下游工程，主要是里运河西堤的培修及浅滩疏浚，整理灌溉总渠的12座涵洞，兴建阜坎船闸。当年晚春初夏，长江流域发生特大洪水。这是治淮工作的一个转折点。大水过后，由水利部、治淮委员会会同河南、安徽、江苏三省，调集800多人进行淮河流域的查勘和规划编制工作。历时一年半，于1956年5月完成了《淮河流域规划报告（初稿）》。

　　早在1955年春，治淮委员会便积极着手进行淮河下游的水利规划，着眼点首先是解决洪水危害。先后制定了"淮水北调、分淮入沂"规划、扩大入江水道泄洪规模规划、洪泽湖控制加固改造工程规划、入海水道规划以及梯级规划、区域规划和农田水利规划，指导治淮水利建设有计划地分期实施。

深入调查,精细勘测在前;科学规划,全面设计随之而来。1951年4月,治淮委员会编制完成《关于治淮方略的初步报告》。1954年洪水之后,治淮委员会开始编制流域规划。1955年4月,向水利部提交《编制淮河流域规划计划任务书(草案)》。1956年5月,《规划报告》完成,共约100万字。《规划报告》对水灾防治、灌溉、航运、水力发电、水土保持,以及今后的勘测设计和科学研究工作均进行了细致的分类规划,有力地引领了治淮实践。在具体的工程项目施工过程中始终坚持"先有工程计划、技术设计,而后施工"的原则,从而实现了科学指导治淮工作的顺利展开。

在深入调查研究、科学勘察论证的基础上制订出的治淮工程规划是科学规范的。没有批准的工程设计、没有批准的开工报告,一律不准开工。经上级批准的设计文件就是水利建设上的法律和法规,任何施工单位、任何部门、任何个人都不得任意更改。

依靠群众:万众一心打胜仗

回顾中华人民共和国成立之初,中国共产党克服重重困难,大规模治理淮河的历史,人们不难发现:党和政府的治淮决心、科学有效的施工方案和广大人民群众的积极拥护,是取得治淮伟大成就的三项根本保证。只有将淮河泛滥的危害、治理淮河的必要性和迫切性深入传播到百姓们的心里,才能激发起群众的治淮积极性,从而营造出一个全社会人人支持治淮的良好氛围。

1951年5月15日,《人民日报》刊登毛主席"一定要把淮河修好"的题词,激发了淮河流域人民根治淮河的巨大热情。早在题词发表之前,中央人民政府已派出治淮观察团一行32人,先后赶赴蚌埠、开封和扬州,将毛主席亲笔题写的"一定要把淮河修好"四面锦旗分别授予治淮委员会及河南、皖北、苏北三省区的治淮指挥机构，并向各治淮工地上的干部、民工英模们赠送毛主席"一定要把淮河修好"的题词印刷品 15 万份。同时发表《告淮河流域同胞书》，强调治淮工程并不是一个平凡的工作，而是一个变革历史、征服自然的伟大斗争。这些活动极大地凝聚了民心、凝聚了力量。

治淮工程开始后，相关部门始终加强对政治思想工作的领导。苏北治淮总指挥部每年召开治淮政工扩大会议，印发政治工作参考资料。中共苏北区委宣传部也将治淮宣传作为重点工作，编印宣传资料，对治淮的成就和经验进行总结宣传。《一个教育民工的好方法——介绍泰县总队向民工代表算的两笔账》只用了不到一千字，就算出了治淮是帮助人民群众根治水患、发展生产、支援国家工业建设、改善人民生活的政治账，是多得口粮的经济账。同时，对治淮民工和单位分别采取登报表扬、通告嘉奖、实物奖励等办法给予评功。开展"治淮为家园"和抗美援朝爱国主义教育活动。大力开展社会主义劳动竞赛，号召全体干部、民工积极参加。正是这些行之有效的宣传动员，使得治淮工程深得人心，获得了民众最大程度的支持。

党和国家的治淮决定得到了人民的衷心拥护。自从苏北治淮运动开展以来，农民们积极报名参加。1951 年 11 月 2 日，苏北灌溉总渠开工。淮阴、盐城、南通、扬州四地累计出动民工 119 万人次。爹娘送儿、妻子送丈夫、父子同上工地的动人场景随处可见。民工们在工地上搭起帐篷和简易房屋，按军事建制组织起来，统一出工。施工期间正值隆冬，虽寒气逼人，但每天天刚放亮，工地上早已是彩旗招展，一片热闹的劳动景象。几十万民工克服困难，怀着"尽快改变家乡山河"的信念，努力工作。一份份倡议书、挑战书、决心书喊出了人们的心声："长城是人修的，总渠是人挑的"，"我们如今翻了身，也要让淮河翻个身"。仅用 80 多天的时间，人们便在苏北里下河大平原上用双手挖出了一条长达 168 公里的人工河。

尤其令人动容的是：在那场轰轰烈烈的治淮运动中，苏北行政公署每个县常备的民工就达到二三万人之多。每年冬春季节，苏北各地农村都有许多青壮劳力去从事水利建设。这些挖河的民工们克服了常人难以想象的困难，肩挑、车推、手捧，用鲜血和汗水完成了一项项治淮工程。据不完全统计，治理淮河的第一年，先后有 220 多万农民加入治淮大军行列。仅在 1955 年苏北治淮期间，就先后动员和组织了 53.3 万多民工。

值得一提的是，在治淮过程中，广大民工的创造性得到了充分发挥，发明了许多先进工艺和技术。比如针对挖河时淤泥水分多、挖不上锹的情况，民工们积极想办法，创造出了"水簸箕拉淤"的挖运方法：用 1 寸多厚的木板做成二三尺长、一尺阔的岔口簸箕，在箕口两边和箕底边各拴一条粗绳。施工时，河下站一个人，用力将箕口插入淤泥中，河岸上的人抓住箕口绳子往上拉，等簸箕从河里拉到岸上时，已装满了泥土。在凤凰河整治工程中，高邮车逻勤王基干队的 76 名民工努力工作，56 天的任务仅

运往工地的粮食

运往工地的物资

慰问队前往工地慰问

民工们勇敢地在急流中打桩

各地工人在交流工作经验

治水工地

用42天就完成了，减少国家供应大米1939斤。为提高工作效率，指挥部门在淘洗石子、浆砌块石、引河土方等方面推行按件计工、包工制。在苏北治淮过程中发明创造的各种先进的挖河工艺、筑闸修坝技术累计超过上千项。

江淮安澜：至今千里赖通波

长江、淮河与黄海不分昼夜地融汇，交织塑造了生机蓬勃的苏北里下河大平原。如今，苏中和苏北地区经济社会持续发展，人民生活水平不断提高。究其根源，便是中华人民共和国成立之初开展的这场轰轰烈烈的治理淮河运动。

每当人们走过洪泽县境内的洪泽湖大堤，都会在大堤旁耸立着的毛泽东主席题写的"一定要把淮河修好"的高大石碑前驻足观赏。触摸这高高矗立的石碑，仿佛推开了历史之门，瞬间把人们带进了那个难忘的岁月，让已经泛黄的画面重新变得鲜活清晰。

洪泽湖三河闸至扬州江都区境内的三江营这一段为淮河下游，全长150多公里。驱车从三河闸出发，沿淮河入江水道行驶，穿过高邮古城，直奔千年古镇邵伯。

历史上的邵伯，因兵火和水灾，几度兴废。北宋神宗时，在大运河堤上修建斗野亭。清康熙年间，内置铁牛一座，用于镇水。这邵伯的铁牛可是非常有名。铁牛长1.98米，高1.10米，重2吨。史载，康熙时，淮河大水，邵伯决堤，百姓受灾严重。于是，朝廷在淮河下游至入江处共铸造了十二只动物，即"九牛二虎一只鸡"，安放在水势要冲处，以祈镇水安澜。

古人认为，牛是大地的象征和力量的载体，自古就有用铁牛镇水的传统。雄鸡，据说可以抵御水患。古人认为洪水属阴性，而雄鸡报晓，可以驱鬼除阴。壁虎，也被古人视作驱除水患的神兽。瞧这铁牛：浑黑厚重，犄角扬起，双目对天，似在"哞哞"地祈祷着淮水安澜。石座上刻有清咸丰二年邵伯乡贤董恂撰写的铭文——

> 淮水北来何决决，长堤如虹固金汤。
> 冶铁作犀镇甘棠，以坤制坎柔克刚。
> 容民畜众保无疆，亿万千年颂平康。

大文豪朱自清曾回忆说：他4岁时，随父由海州迁居邵伯镇，6岁时全家搬迁扬州。幼时在邵伯虽然只有短短两年光景，但却留下了终生难忘的美好回忆。他在《我是扬州人》一文中回忆："在邵伯住了差不多两年，是住在万寿宫里。万寿宫的院子很大，很静；门口就是运河……邵伯有个铁牛湾，那儿有一条铁牛镇压着。父亲的当差常抱我去看它、骑它、抚摸它……"

车子驶出邵伯古镇之后，径直南下，在江都老城区南端的临江处停下。

这里就是著名的江都水利枢纽工程。它位于淮河、大运河、芒稻河交汇处，是淮河上的最后一座水利工程。江都水利枢纽工程是我国南水北调工程的第一站。继续驱车朝着江都区大桥镇行驶，来到淮河上最后一座港口江都港。再向南，就到了位于长江边上的三江营。

三江营，乃三江汇合之处，是扬子江、小夹江、太平江共同孕育而成，旧称三江口。五代时，吴王杨溥曾在这里检阅水师。由于清朝在这里曾驻有一个水兵营叫三江营，所以人们就用兵营名称代替了地名。

中华人民共和国成立之后，在党和人民政府的领导下，里下河地区的广大人民响应毛泽东主席"一定要把淮河修好"的号召，在沿淮两岸修建了许许多多的水利工程。这些水利工程和原有的名胜古迹一起形成了相互映衬的江淮生态大走廊和大运河文化带旅游区，激发起人们的种种情思。

江淮安澜，民兴国富，告别昨天的苦难与创伤，愿我们的母亲河永享幸福，天长地久！

　　1951年7月1日拂晓，拦河坝合龙了！两岸民工会师，高呼胜利，这是工地全体员工向
中国共产党成立三十周年的献礼

附 录

纪　事

1913 年

2月，北洋政府设导淮局于北京，委任张謇为导淮局督办，并发布《导淮计划宣告书》及《治淮规划概要》，提出淮河洪水三分入江、七分入海，以及淮、沂、沭、泗等四河分治的原则。

设运河下游堤工事务所于高邮，万立仲为坐办。江淮水利测量局在高邮御码头设立高邮水位站。

1914 年

导淮局改为全国水利局，由张謇兼任导淮总裁、治运督办。同年，在吴县设立江南水利局，江苏巡按使韩国钧筹办淮扬运河水利；成立江苏筹浚江北运河工程局，委马士杰为总办，设局江都（今扬州）。

1915 年

2 月，江苏筹浚江北运河工程局在高邮县开办江北水利工程讲习所。

1916 年

8 月，淮河大水。高邮湖堤被冲决，开车逻坝。

1917 年

大旱，高邮湖搁浅船只数百，电请开启三河坝。

1919 年

张謇发表《江淮水利施工计划书》，再次主张淮水七分入江、三分入海，并规划入海、入江路线。

1920 年

改江苏筹浚江北运河工程局为督办江苏运河工程局，高邮仍设运河下游堤工事务所。

1921 年

汛期，江淮并涨，沿江各县破圩成灾。5—7 月，先后启放归江草坝 6 处。8 月，又启土山坝，沙河坝漫决。立秋后，虽开车逻坝、南关坝、新坝，东堤仍漫决 10 余处。9 月 19 日，高邮运河水位 9.47 米，较 1916 年高 0.66 米。是日，淮水由归海坝入海流量为 4638 立方米／秒，由归江坝入江流量为 8733 立方米／秒，里下河积水成灾。

1925 年

全国水利局发布《治淮计划》。

1929 年

7 月 1 日，国民政府在南京成立导淮委员会，提出导淮工程计划，决定江海分流，以入江为主。

1931 年

江、淮、沂、沭四河齐涨。8 月 25—26 日，里运河东堤决口 26 处，高邮挡军楼一处就死伤失踪 10000 余人，泰山庙附近捞尸 2000 余具。

9 月，国民政府救济水灾委员会、江苏省江北运河工程善后修复委员会、华洋义赈会和江苏省建设厅水利局等机构联合对里运河东西堤先后进行抢堵和修复，西堤堵口 4 处，东堤堵口 6 处。运河堤防修复工程至次年 10 月 21 日竣工。工程共投资 332.03 万两银元，其中用于抢堵工程 36.28 万两银元。

是年，导淮委员会公布《导淮工程计划》。1933 年又公布《导淮工程入海水道计划》。

1934 年

2 月至 1936 年 7 月，在里运河、中运河上建成邵伯船闸、淮阴船闸、刘老涧船闸等 3 座船闸。

1935 年

召开四省运河讨论会，总工程师汪胡桢发表《整理运河工程计划》。

4 月 24—26 日，为获得口粮、工资，反对县国民政府强迫实行"国民劳动服务",高邮疏浚三阳河的2200多名民工进行罢工。

6月,导淮委员会动用从英国退还的庚子赔款中的部分资金,兴建高邮小型船闸,于次年5月竣工,投资10.7万元。

1938年

6月6日,国民党军队炸开黄河花园口。7月,运西一片汪洋。8月,开车逻坝、新坝,里下河地区洼地积水1米左右,灾民达10多万人(其中运西6万多人,运东4万多人)。

1943年

苏北解放区民主政府整修洪泽湖大堤。春,淮北行政公署水利委员会在高家堰南北修复临湖石墙1340丈,并填补被国民党军队破坏的3段堤身。同时动员20万民工,自高良涧经顺河集、黄圩子绕成子湖,衔接安河,修筑了200余华里的马蹄形环湖圈堤。在临淮头以西,汴、溧两河间,筑成挡湖水的新堤。

8月27日,彭雪枫在大柳巷参加会议,适值淮河洪水泛滥,大柳巷圩堤决口10多处。彭雪枫率群众抢险,堵住决口。

12月,淮北地方银号向各县发放工商贷款6000石粮,麦种贷款2800石粮,灾区贷款2500石粮,灾民和渔民救济生产贷款110万元边币,纺织贷款40万元边币。

洪泽湖秋水暴涨,入冬后冰封,2万多渔民受灾严重。洪泽县县长向社会发出呼吁,请求救济灾民。淮北边区各界纷纷响应,淮北行署民政处拨救济款4万元。

1944年

苏皖边区政府动员4万多民工对长达300多公里的运河堤进行加

固，共修复残缺堤岸 247 处，修筑护岸 21 处，整修闸坝 7 座。

3 月 12 日，苏皖边区淮北行署组织 10 多万民工修筑淮河北岸大堤 180 余里，完成土石方 59700 多立方米，堤高超过 1943 年淮河洪水位 1.1 米。6 月 20 日，工程竣工。

7 月 4 日，淮北苏皖边区淮宝县白马湖人字头大坝工程竣工，使洪泽湖东岸数千顷粮田免于水患。

1945 年

8 月，淮宝县县长方原于黄罡寺勒碑，记载洪泽、淮宝军民抢修洪泽古堤的业绩。

冬，苏皖边区政府动员沿岸人民整修运堤，准备防汛，保卫解放区。

1946 年

2 月，联合国善后救济总署代表严裴德视察运河堤。

2 月，高邮工商界人士上书国民政府，要求治理运河苏北大堤。

3 月，国民政府江北运河工程局局长沈秉璜到高邮县商谈运河修防办法。苏皖边区政府建设厅水利局工务科科长钱正英和县长杨天华接待，双方未达成协议。

4 月，导淮委员会恢复办公，成立运河复堤工程局。中共代表周恩来致美国驻中国特使马歇尔备忘录，指出苏北地区因连日阴雨，水位骤涨，附近水灾惨重，嘱其查照。国民政府行政院救济总署代表联合国救济总署到苏北视察运堤。

苏皖边区政府成立运河春修工程处，组织群众冒着国民党飞机和邵伯驻军的骚扰，平碉堡、填战壕、加险段、翻旧埽、修石坡。国民党驻邵伯镇的 25 师又挖邵伯镇南运堤，企图水淹里下河，阻止新四军北撤。后因群众阻止和抢堵，未达目的。该工程 4 月 25 日竣工。

联合国救济总署代表视察后，认为修得很好。

5月1日，延安广播电台播发苏北南段运堤竣工消息。

是年大水，黄、淮、沂、沭等河并涨，苏皖边区政府急电周恩来，要求南京速开归江各坝。周恩来致电宋子文，请立即开放归江坝，"勿再以此为政争及战争之武器"。

1947 年

8月，导淮委员会、江北运河工程局等运河东堤按顶宽 10 米、顶高超过 1931 年洪水位 1 米标准加高培厚，并在东西堤险段加做块石护坡。

1948 年

6月，邵伯镇北运河东堤艾菱洞建成。

1949 年

1月25日，扬州城解放。军管会接管国民政府的运河工程处，成立苏北运河南段工程处，洪实君兼主任。下设江都、高邮、宝应 3 个县运河工程事务所。组织测量界首至邵伯以南的运堤，2 月 15 日结束。

3月30日，完成拦江坝堵闭。4月8日，完成万福桥、二道桥、头道桥、江家桥修复工程，保证中国人民解放军顺利渡江。

3月，接收原江北运河工程局，成立苏北运河工程局，局长熊梯云（兼）。下设南段、中段、北段 3 个工程处。

4月下旬，苏北春季治水修堤工程全面展开。人民政府拨粮 800 万斤，由宿北（新设县，宿迁北部）、宿迁、泗沭（新设县，泗阳、沭阳各一部）、淮阴、淮安、宝应、高邮、扬州等 8 市县组织近 2 万名民工修筑苏北运河700余里长堤；淮阴专区各县在春种前进行堵口、开坝、复堤和挑浚小河的基础上又疏浚了蔷薇、卓五、泊阳、柴米、涵养、车轴等9条大河及13条小河，并修筑了沂河、总沭河、大涧柴米河、涵养河等堤防，堵口20处；盐城专区派出民工支援洪泽湖大堤加固。至5月中旬，据不完全统计，全区已修好大小河道沟渠130余条，可使43万亩农田免遭水灾。

5月19—20日，华东农林水利部组织3个勘测队分赴淮河沿岸各县实行勘测，协助抢修。经过一个春季的努力，其中苏北行政区共动用65万多个工日，完成土方147.87万立方米。

8—9月，南京国立水利工程学校迁至高邮，成立苏北建设学校水利科。

10月1日，苏北区党委发出《关于开展冬春生产救灾的指示》，指出苏北有113万公顷以上田禾受淹，损失粮食5亿公斤以上，要求在1950年夏收前，一切以生产为中心，尽力修治水利，发动群众，战胜灾荒，克服当前困难，准备力量，争取明年增产。

10月4日，淮河水利工程总局先后成立淮阴船闸工程处、惠济船闸修复小组，负责修复工程。淮阴船闸于1950年6月完成，惠济船闸于9月完成。

10月上旬，淮河水利工程总局编制了《1949年冬至1950年春淮河水利事业计划》。针对1949年淮河水灾情况和当时的条件，计划确定中游着重防洪，以筑堤、疏浚、建涵闸等工程为主，下游为增加城乡物资交流，以修复淮阴船闸为主，并配合勘测等项工作。

10月，淮河水利工程总局成立，淮阴船闸工程处筹备修复淮阴船闸。12月19日，正式成立淮阴船闸工程处，负责修复工程。1951年8月，修复通航。

10月，政务院任命刘宠光为淮河水利工程总局局长，汪胡桢为副局长。总局下设秘书处、工务处、测验处、人事室等机构,地址仍在南京。

11月8日,淮河水利工程总局组织洪泽湖测量队,在洪泽湖地区开始实地测量。此项工作至1954年4月结束,完成4588.5平方公里的万分之一湖区地形图的绘制。

11月8—18日,水利部在北京召开各解放区水利联席会议。朱德、董必武、薄一波到会作指示。会议提出"防止水患,兴修水利,以达到大量发展生产的目的"的基本方针,确定了1950年水利工作的重点。为统筹规划各重要水道的水利事业,会议确定设置黄河水利委员会、长江水利委员会、淮河水利工程总局,由水利部领导,为部直属水利机构。各大行政区和省、市、县设立水利局(科)。

11月17日,中共苏北区委、苏北行政公署、中国人民解放军苏北军区司令部、政治部发布《苏北大治水运动总动员令》。

同日,苏北行政公署颁布《苏北治水人员奖惩条例》。《苏北日报》发表《紧急动员起来,投入伟大的治水工程》的社论。苏北区党委宣传部还发出了《关于治水运动中宣教工作指示》。

11月22日,苏北区党委、苏北行政公署及苏北军区决定联合成立苏北导沂整沭司令部、政治部。任命李广仁为司令员兼政委,陈亚昌、熊梯云、王通吾为副司令员,高心泰为政治部主任,张化远、林凡为副主任。下设秘书、工程、供应、卫生、动员、督导等六处。1952年3月1日,苏北导沂整沭司令部改名为导沂整沭工程委员会,李广仁任主任,高心泰、陶硕夫任副主任。1953年12月3日,该委员会撤销。

11月25日,导沂整沭工程全面开工。至12月25日,第一期工程基本结束,完成土方909万立方米。导沂整沭工程是中华人民共和国成立后苏北地区的第一个大型水利工程。它与山东省导沂整沭工程相互配合,是泗河、沂河、沭河全面治理的重要组成部分。整个工程分四期,至1950年6月基本完工,参加施工的民工有96万人次,共完成土方 3645 万立方米。

12 月 24—27 日，华东水利部召开华东水利会议，提出 1950 年华东水利事业的方针、任务，确定以防洪排水为中心，进行长江、淮河堵口复堤工程，沂河和沭河的治理工程，淮阴船闸、惠济船闸的修复工程，苏北棉垦区海堤工程，水文站的建设，水利实验的实施，以及山东沂蒙山区造林等十大项目。

1950 年

1 月，华东水利部在上海召开沂沭治导技术会议，对沂河、沭河的洪水量反复研究，并确定以骆马、黄墩两湖为拦洪水库，制定了沂沭治导的规划设计原则。沂河洪水量为 6000 立方米 / 秒，分沂入沭 1000 立方米 / 秒，在江风口设临时控制工程向武河分洪 1500 立方米 / 秒，其余 3500 立方米 / 秒经新沂河下泄。

3 月 13 日，导沂政治部召开表彰大会，1228 名功臣代表参加。经苏北行政公署批准，表彰特等功臣模范王大锹、赵金科、王大筐、尤庆兰，一等模范民工 35 名、干部 13 名，一等模范中队 12 个、分队 9 个、小队 30 个。会议号召全面开展立功竞赛运动，发动 30 万民工进行"决心扒好沂河"大签名。导沂特等功臣王大锹（王兆山）于 9 月参加了全国劳模会议，被选为主席团成员并参加了国庆典礼。

3 月 20 日，中央人民政府发布 1950 年春修工程指示，明确水利建设仍以防洪、排水和灌溉为首要任务，主要河流如黄河、长江、淮河等都要保证 1949 年同样的洪水不溃决。3 月底，苏北行政公署召开水利会议，拟定今年治水计划。春修工程以导沂兴垦为中心，进行江堤、运堤的重点培修，并继续开挖唐豫河。

3 月，苏北运河春修，共动员 1.95 万人，挑土方 75.26 万立方米。

4 月 5 日，内务部副部长武新宇率领苏北灾害视察组一行 14 人到沭阳视察，并赴沂河工地。11 日，到达扬州。14 日，视察组与苏北党政军负责同志及苏北生产救灾委员会朱履先、吴月波、计雨亭等 30 余人座谈，了解苏北灾情、救灾措施与效果。

4 月，华东水利部在南京召开华东水文会议。会议决定淮河流域分三大区设站。自 5 月份起，先后建立蚌埠、淮阴、新安（1952 年移驻徐州）3 个一等站。其中，下游区成立中渡、六闸、阜宁、东台、海安 5 个二等站及 9 个三等站。

6 月 3 日，中央防汛总指挥部成立，董必武兼主任，傅作义、李涛兼副主任。

6 月 15 日—7 月 5 日，根据中央防汛总指挥部和华东、中南两大区防汛总指挥部的布置，淮河流域的河南、皖北、苏北、山东四省区人民政府先后成立防汛机构。7 月 3 日，苏北行政公署成立防汛总指挥部，惠浴宇兼任主任，常玉清、王伯谦、熊梯云任副主任。同时，所辖地（市）、县也成立防汛机构，按区、段负责防汛工作。7 月 4 日，华东军政委员会发布关于防汛的工作指示，要求保线与保面相结合，防洪与排水相结合。

6 月 26 日—7 月 25 日，淮河流域连续降雨。淮河中、上游支流先后漫决。苏北行政公署组织 20 万民工投入防汛抢险，及时开放拦江、壁虎、褚山 3 座归江坝，宣泄淮河洪水，保住了洪泽湖和运河大堤的安全。

7 月 20 日—9 月 21 日，毛泽东主席对淮河治理先后作出 4 次批示。

7 月 21 日，苏北行政公署召开运河防汛会议，决定确保运堤和洪泽湖大堤、沂堤的安全，要求从最坏处打算、向最好处努力，为全面战胜洪水而斗争。8 月 4 日，行政公署召开第二次运河防汛会议。8 月 7 日，召开里下河八县县长紧急会议，讨论清除坝埂、修补圩堤和统一管理范公堤涵闸等问题。惠浴宇指出，只要有一点可能，都要争取不开归海坝。但到了最严重的情况下，为避免运堤溃决的危险，必须有计划地启放归海坝，以免发生更大的损失。

7月，淮河水利专科学校成立。1949年8月，原导淮委员会附设水利职业学校由南京迁往高邮，并入苏北建设学校，设水利科。1950年5月，苏北建设学校水利科迁回南京，与华东水利部南京水文训练班合并，成立淮河水利专科学校，属淮河水利工程总局领导。刘宠光、汪胡桢为正、副校长。1951年7月，改称华东水利专科学校，直属华东水利部领导。

8月3日，高邮沿运河4个区举行万人防汛大演习。

8月10日，里运河东堤中坝出险。苏北军区某团及沿线干部群众积极抢修，16小时后转危为安。苏北区党委副书记万众一、苏北行政公署主任惠浴宇、华东水利部副部长钱正英赴工地指挥。

8月25日—9月11日，按照毛泽东主席根治淮河的指示，由政务院总理周恩来主持，在北京召开治淮会议。会议决定成立治淮委员会和上、中、下游三个工程局，并对淮河水情、治淮方针及1951年工程作了反复研讨。

9月22日，周恩来总理为贯彻毛泽东主席关于督促治淮工程早日开工的批示，亲自给政务院陈云、薄一波、李富春及傅作义、李葆华、张含英写信。

10月1日，淮河入海水道查勘团一行40人由刘宠光、汪胡桢、刘钟瑞率领从扬州出发前往淮阴。经过一个多月的实地查勘和征集意见，查勘团编写出了《淮河入海水道查勘报告》，提出开辟淮河入海水道的具体方案。入海水道拟分南北行槽，行洪流量8000立方米/秒。

10月14日，政务院发布《关于治理淮河的决定》，共分6个部分，确定了"蓄泄兼筹，以达根治之目的"的治淮方针，并确定了1951年应办的工程项目、组织领导以及经费等重大问题。同日，《人民日报》

发表了题为《为根治淮河而斗争》的社论。

10月15日，华东军政委员会电令有关省、区、市人民政府抽调水利工程技术人员参加治淮，并决定调用大专学校水利、土木、测量等系科本届毕业生，及临届毕业生、部分教职工参加治淮。来自全国各大高校的400多名学生自15日起到淮河水利工程总局报到。

10月，淮河下游工程局在淮安成立，局长熊梯云，副局长邢丕绪，下设工程、财务、工务三处和人事室。

11月6日，治淮委员会在蚌埠成立，主任曾山，副主任曾希圣、吴芝圃、刘宠光、惠浴宇，秘书长吴觉，下设办公厅及政治、工程、财务3个部门。

11月6—12日，治淮委员会在蚌埠召开第一次全体委员会议。会议依据"三省共保、统筹兼顾、互相配合"的精神，拟定了1951年度的治淮工程计划，并作出了相关决议。

11月6日，苏北运河整修工程江都段率先开工。12月初，工程全面开工。这次整修工程共修复苏北运河东西两堤292.56公里。淮阴、盐城、泰州3个专区共有35.76万民工参加。同时，营造厂承包拆建和修理了沿运河的12座涵闸。1951年5月25日竣工，共完成土方634.82万立方米。

11月8日，周恩来总理主持召开政务院第57次政务会议。在讨论《关于治淮问题的报告》时，周恩来作了重要讲话，并集中论述了治淮的一系列原则。

11月中旬，淮河下游工程局组织技术干部和民工500多人组成8个测量队，为开挖苏北灌溉总渠开展测量工作。

11月23日—12月27日，水利部在北京召开全国水利工作会议。在会议确定的1951年全国水利建设主要项目中，淮河治理被列为首位。

12月3日，运河冬春修工程全面开工。政府共动员泗阳、淮阴、淮安、宝应、高邮、江都等县民工31.7万人，完成运河东堤土方653万立方米，修建东堤块石护坡16段，长1739.59米。修建西堤干砌石埝护坡13万立方米，由承包商修建闸涵12座，堵闭归江坝6座，修理归海新坝1座。

12月27日，首期治淮工程——淮河入江水道高邮湖毛塘港切滩工程开工建设。

12月，苏北第二期导沂整沭工程开工，至12月底结束。1951年3月中旬，春季工程又全面开工。第二期工程动员民工56.6万人次，完成土方2574万立方米，实支大米6556万斤。

1951年

1月10日，苏北运河工程局并入淮河下游工程局。

1月，根据政务院《关于治理淮河的决定》，治淮委员会制订淮河治理规划，并于4月底完成《关于治淮方略的初步报告》。曾山率队到北京向周恩来总理汇报，得到了认可。

3月，治淮委员会工程部成立精密水准测量队，开展淮河流域精密水准测量工作。测量队在当地水利部门的配合下，于1954年上半年完成精密水准干线测量。1954年12月，刊印了《淮河流域精密水准测量初算成果表》，从而统一确立了淮河流域以废黄河零点为基面的水准高程系统。

4月7日，治淮委员会副主任曾希圣、工程部部长汪胡桢、水利部顾问布可夫等实地查勘研究淮河中下段情况。

4月19日，水利部部长傅作义偕苏联专家布可夫在苏北行政公署主任惠浴宇的陪同下查勘了入江水道进口处及三河闸、高良涧闸、洪泽湖大堤以及里运河的险工段等。在扬州主要查勘了里运河上的马棚湾、清水潭、御码头和归海坝，以及归江河道上的万福桥、二道桥、头道桥、江家桥，并了解了淮河归江河道的情况。

4月26日—5月2日，治淮委员会在蚌埠召开了第二次全体委员会议。会议讨论制定了1952年度治淮工作纲要。

4月，里运河堤春修，上堤民工25万多人，动用船只2144条，完成土方107万立方米。

是年春，在淮安举办淮河水利训练班，学员约700人。

5月3日—6月初，中央人民政府治淮视察团一行32人在邵力子的率领下先后赴皖北、开封、扬州等地向治淮民工、技术人员和干部表示慰问，将毛泽东主席亲笔题写的"一定要把淮河修好"的锦旗分别授予治淮委员会及豫、皖、苏三省区治淮机构，并发表《告淮河流域同胞书》。31日，视察团在扬州市举行授旗典礼。

5月20日，中央戏剧学院淮河文艺工作团150人来到治淮工地进行慰问演出。

6月18日，苏北防汛会议结束，成立苏北防汛总指挥部，惠浴宇为主任，常玉清、计雨亭、王伯谦、熊梯云为副主任。

7月10—12日，治淮委员会在蚌埠召开第三次全体委员会议。会议重新商讨了上次会议提出的1952年治淮工程纲要，着重研究了中游工程、入海水道是否开辟与润河集蓄水位等问题，并以曾山等委员的名义向毛泽东主席、周恩来总理等呈报了《关于治淮方案的补充报告》。

7月26日—8月10日，水利部在北京召开第二次治淮会议。会议由傅作义主持，治淮委员会副主任曾希圣、苏北行政公署主任惠浴宇、河南省治淮总指挥部工程部长彭晓林汇报了工程情况。会议着重讨论了治淮工程的具体规划、1952年工程项目和经费问题。

8月，洪泽湖大堤加固及部分直立式墙拆修工程开工，至1955年完成。

9月27日，治淮劳动模范1951年国庆观礼代表团一行从蚌埠启程前往北京。团员中有苏北代表丁广富。

9月，治淮委员会提出《治淮五年（1951—1955年）计划报告（草案）》。《报告》共分六大部分，内容是淮河水情及今后治淮计划的总要求，具体包括蓄水控制，河道整治，发展灌溉、航运，水电，农田水利，经费概算等。

10月25日，下草湾引河工程开工。它是淮河内外水分流工程的组成部分，是漴河、潼河内水排水系统的尾闾。引河长4.59公里，设计排水流量1000立方米/秒，底宽96米，最大挖深27米。漴河、潼河分别于五河及浮山入淮，历史上常遭淮河倒灌之灾。治理工程将两河合并，首尾两段开挖新河，中段利用窑河、老淮河，直接由溧河注入洪泽湖，缩短洪水行程63.9公里。宿县专区先后组织9.2万人施工，共完成土方523.8万立方米。1952年7月13日，工程竣工。

11月2日，淮河下游苏北灌溉总渠工程开工，1952年5月12日竣工。政府共动员淮阴、盐城、南通、扬州四地民工计119万人次，完成土方6322万立方米。苏北灌溉总渠全长168公里，渠底宽60—140米，堤顶宽8米，设计流量800立方米/秒。

11月3日，水利部召开治淮会议，商讨洪泽湖蓄水位问题。

11月7日，高良涧进水闸工程开工，次年6月建成。该闸为苏北灌溉总渠渠首，共8孔，每孔净宽9.2米，设计流量700立方米/秒。同时，高良涧船闸开工，次年10月建成。

11月9日，治淮委员会苏北工程指挥部在淮安成立，指挥惠浴宇。原淮河委员会下游工程局同时撤销。1952年1月5日，改为苏北治淮总指挥部。6月1日，由淮安迁往扬州，与苏北水利局合署办公。惠浴宇任指挥，陈亚昌、熊梯云任副指挥，万众一任政治委员。1953

年1月27日，改名为江苏省治淮指挥部。1954年7月13日，又改称江苏省治淮总指挥部。1956年9月，指挥部由扬州迁往南京，与江苏省水利厅合署办公。1953年至1956年间，先后任指挥的有管文蔚、高峰。

11月16日，漴河、潼河疏浚工程开工，设计排水流量1000立方米/秒。

11月17日，苏北灌溉总渠渠首工程高良涧进水闸工程开工。

11月19日—12月29日，二期治淮工程开工建设。

11月20日，中国新民主主义青年团中央委员会发布《关于加强治淮工程中团的工作的指示》。同日，苏北人民行政公署与中国共产党苏北区委员会联合发布"苏北治淮总动员令"。

11月27日，淮河下游运东分水闸工程开工。

11月，治淮指挥部开始筹建钻探队，并在高邮、兴化、盐城等地进行水稻需水量测验。

1952年

2月1日，中央人民政府人民革命军事委员会发布命令，将中国人民解放军步兵2个师改为水利一师和二师，参加治淮工作。5月前后，水利一师师长马长炎率领所属一团指战员参加江苏省三河闸、邵伯闸和六垛闸建设。

3—6月，中央人民政府交通部着手进行整治南北大运河的研究工作，对北起北京、南达杭州的运河进行查勘，为开发运河搜集资料。淮河下游与苏北运河有着不可分割的联系，故由交通部与治淮委员会共同配合成立航运组，对淮河、运河及有关河流的航运进行规划。航运组在地方水利部门的协助下，对北起黄河、南至苏州共863公里长的运河航道进行查勘，历时3个月。

3 月中下旬，中国人民志愿军归国代表团华东分团代表和朝鲜人民访华代表团华东分团代表先后在苏北淮安、高良涧、运河分水闸等地做了 5 次报告，有 2 万多民工和工作人员参加。

3 月 23 日，苏北开始建设沿海防风林区。林区自长江口以北，经射阳河、苏北灌溉总渠、新沂河与云台林区相接，长 500 多公里，总面积达 1.5 万多平方公里。

4 月 22 日，治淮委员会政治部大力推广治淮民工祝怀顺小队的工作法，强调推广祝怀顺小队工作法是治淮战线上的一个重大事件，使爱国治淮劳动竞赛运动走向一个新阶段。

春，参加亚洲及太平洋地区和平会议的 60 多个国家的代表在水利部部长傅作义的陪同下来淮阴参观苏北灌溉总渠等水利工程。

5 月 15 日，应中华全国总工会邀请，参加"五一"节观礼的世界工联和各国工会代表 124 人到江苏参观苏北灌溉总渠工地和运东分水闸、高良涧进水闸、杨庄活动坝及淮阴船闸等工程。

6 月 19 日，治淮工程杨庄活动坝修复工程完工，高良涧进水闸与运东分水闸分别于 6 月 25 日、7 月 1 日完工。设计泄洪流量均为 700 立方米／秒。

6 月 27 日—9 月 8 日，淮河流域接连发生 4 次较大暴雨，造成淮河流域大面积内涝。全流域受灾面积 166.43 万公顷，其中河南省 41.7 万公顷，皖北 100 万公顷，苏北 24.73 万公顷。

7 月 1 日，淮河下游运东分水闸工程竣工。

8 月 12 日，苏联水利专家布可夫在钱正英的陪同下赴三河闸工程指挥部等建处指导工作。

8 月 26 日，苏北农业试验场在扬州瘦西湖建成苏北第一个电力灌溉站平山南站。灌溉站装机 1 台套，灌溉田地 1300 多亩。

9 月 9—10 日，治淮委员会在蚌埠召开第四次全体委员会议。会议研究解决淮河流域除涝问题。

9月16日，治淮劳动模范1952年国庆观礼代表团一行18人在团长朱国华和副团长陈力生、常勇的率领下自蚌埠启程赴北京。代表团中有模范民工徐八斛、汪本初和徐桂英（女）。

9月25日，淮河下游淮安节制闸、淮安船闸、泰州船闸工程开工。

9月27日，淮河下游江都仙女庙船闸工程开工。

10月1日，淮河下游洪泽湖三河闸工程开工。该闸位于苏北淮阴县（今属洪泽县）蒋坝镇三河头，为淮河洪水流经洪泽湖进入长江水道的口门。闸的勘测、设计和施工均由苏北治淮总指挥部承担。

10月1日，经水利部批准兴建的三河闸开工，次年7月26日建成。共动员民工15.8万人次，完成土方939万立方米。全闸63孔，每孔净宽10米，总长697.75米，可控最高洪水位15.32米。设计泄洪流量12000立方米/秒。

10月1日，《苏北日报》载文总结三年来的水利建设情况。

10月5日，淮河下游邵伯节制闸工程开工。

10月8日，六垛南闸、北闸工程开工。

10月11日，高良涧船闸开工。

10月15日，法国青年代表团到苏北灌溉总渠、三河闸、高良涧闸、运东分水闸等治淮工地参观。

10月24日，参加亚洲及太平洋区域和平会议的加拿大、美国、日本、越南等国的代表和新闻记者一行61人到治淮工地参观。

10月28日，印度、缅甸、巴基斯坦、新西兰、澳大利亚等国及亚澳联络局代表和美国记者一行89人到治淮工地参观。

10月，骆马湖拦洪控制工程之皂河闸、皂河船闸、扬河滩漫水闸等工程相继开工，并于1952年上半年陆续竣工放水。

11月，刘老涧节制闸工程开工，设计流量500立方米/秒。

11月15日，中央人民政府委员会第19次会议通过决议，决定在南京成立江苏省人民政府，撤销苏北、苏南两个人民行政公署。现属山东省、安徽省原为江苏省旧辖之地区，均划归江苏省。

11月15日，成立南干渠（邵仙引河）工程江都总队部，县长张少堂兼任总队长。江都、泰县共组织民工5万多人开挖邵仙引河（邵伯铁牛湾至仙女庙），全长12公里，1953年5月16日竣工。共完成土方377.04万立方米，总投资123.6万元。工程竣工后，可引淮水入通扬运河，补给航运及灌溉水源。

11月21日，政务院第159次政务会议决定任命谭震林为治淮委员会主任，免去曾山治淮委员会主任及委员职务。

11月22—29日，治淮委员会在蚌埠召开河南、安徽、江苏三省治淮除涝代表会议。参加会议的有三省治淮干部及农民代表约300人，会议提出了"以蓄为主，以排为辅"的除涝方针，要求采取"尽量地蓄，适当地排，排中带蓄，蓄以抗旱"和"稳步前进，使防洪除涝、除涝与防旱相结合"的措施与实施步骤。

11月27日，泊岗引河工程开工。该工程是淮河内外水分流工程的组成部分，动员民工最多时达16万人，共完成土方2543.06万立方米，1954年竣工。至此，淮河内外水分流工程全部完竣。

12月19日，三期治淮工程——三河闸下游引河工程开工。

是年，由于治淮建筑工程大批上马，在治淮委员会的统一部署下，从全国各地抽调了6800余名技术工人、学生等，负责各闸的施工。后组成工程大队，成为省水利施工专业队伍。

是年，华东文物工作队杨钟健等在泗洪下草湾等地发现化石，其中下草湾出土的河狸化石，被命名为"中国杨氏河狸"。

是年，疏浚淮河入江水道。

1953 年

1月1日，成立江苏省人民政府水利厅，厅长计雨亭。原苏北、苏南水利局撤销。

1月29日，苏北治淮总指挥部改名为江苏省治淮指挥部，指挥管文蔚，副指挥高峰、余克、陈克天。

1月，治淮委员会决定以中国人民解放军水利某团为基础，在蚌埠成立测量总队。至1953年末，共设24个测量队，测量职工2272人。1954年底，完成苏北里下河地区的地形测量。

1月，苏北人民行政公署泰州区专员公署改为江苏省人民政府扬州区专员公署。下设建设科。

2月26日，治淮委员会在蚌埠召开第一次治淮工程定额管理会议，贯彻水利部要求实行经济核算制的决定，交流定额工作经验，拟定1953年治淮工程实施定额管理的办法。

2月，水利部会同治淮委员会、华东水利部、江苏省水利厅和省治淮指挥部组成苏北灌溉区查勘研究小组，在里下河垦区及渠北进行实地查勘。查勘报告认为防洪、灌溉、排水、航运及发电应作总体全面规划。

3月23日—7月24日，第四期治淮工程——三河闸下游引河开挖。

5月25—28日，治淮委员会第五次全体委员会议在蚌埠召开。会议强调，必须认清淮河病根之深重，治理淮河不是三年、五年可以完成的事情，而需要有长期的打算，并提出分三个五年计划来进行治理工作。会议通过了第一个五年计划和1954年治淮工程项目经费预算的报告。

6月25日，子婴闸由宝应县划交高邮县管理。沿湖建成控制线，从运河西堤至郭集码头庄，长10.3公里。

6月28日，与苏北灌溉总渠平行的长达135公里的排水渠道及相关配套工程竣工。

6月，因受旱情影响，兴化最低水位仅0.28米，高田地区有50多条沟河断流。高邮里运河水位降到3.29米，自流灌区大部分沟河干涸。堵截高邮湖的新河港、王港以蓄水，开运河西堤上的越河港河四里铺，引湖水入运河。泰县引通扬运河水入里下河。直到6月26日普降大雨，扬州地区的旱情才得以缓解。

8月，淮安船闸建成，设计年通过量为194万吨，总造价128万元。

9月4日，召开上海治淮工程会议。治淮委员会主任谭震林在会上作《在治淮工程中认真推行施工中的计划管理》发言。

11月27日，江苏省人民政府颁布《江苏省船闸过闸费征收暂行办法》，规定江苏省水利厅、江苏省治淮指挥部管理的刘老涧、皂河、淮阴、淮安、邵伯、高良涧、仙女庙等11座船闸收取过闸费。

12月3日，根据治淮委员会通知，撤销江苏省导沂整沭工程委员会，成立徐州专区治淮指挥部、淮阴专区治淮指挥部，分别负责各自管辖范围内的治淮和导沂整沭工程。

1954 年

1月24日，治淮委员会召开洪泽湖蓄水位问题研究会议。会议暂定洪泽湖蓄水位为12.5米，后经水利部认可。

1月26日，省治淮指挥部派出近千人的水利勘测队，对苏北大规模兴修农田水利和治理内涝灾害进行全面系统的查勘测量。

2月16日，治淮委员会召开治淮工程会议。会议要求所有水库、涵闸工程必须实行计划管理。苏北灌溉总渠在施工中试行了计划管理工作。11月15日，治淮委员会正式发出《关于进一步推行施工计划管理的通知》。

2月28日，地方国营江都县抽水机站建成，站址设于邵伯镇。抽水站主要负责邵伯、湾头、槐泗等区的农田灌溉,有柴油机 28 台套、马力 661 匹,配有 10 英寸～12 英寸水泵,灌溉农田 2.66 万亩,总投资 29.96 万元。1956 年 3 月,抽水机站划归邗江县管理,站址迁至扬州市便益门。1964 年起易名为邗江县抗排站。该站是当时扬州专区第一个地方国营抽水机站。

春,扬州专区治淮分指挥部成立。蔡美江任指挥,殷炳山任副指挥。

6 月 4 日—8 月,淮河上中游地区普降暴雨,平均雨量 520 毫米,暴雨中心最大雨量达 1259.6 毫米。洪泽湖水猛涨,水位多日保持在 14 米左右,最高达 15.23 米,上游滩河水位 16.54 米,入湖流量最高达 15800 立方米 / 秒,三河闸最大泄量达 10700 立方米 / 秒。三河满溢,白马湖决口,沿江破圩 562 个,运西一片汪洋。7 月 4 日,先后拆除王港、新港及归江之凤凰、拦江、壁虎各坝,并租用大型挖泥机船彻底清除坝埂,以利排洪。近 300 万人投入抗洪斗争。全流域被淹田地达 431 万公顷,其中江苏省 90 万公顷。暴雨后,灌溉总渠大堤发现大小跌塘 3350 个,脱坡 570 多处,堤坡脚窨潮达 15 公里。

6 月 7 日,江苏省治淮指挥部召开淮河下游流域规划第一次座谈会。参加会议的有水利部、治淮委员会、省水利厅等部门的专家和代表,扬州、盐城专署及有关县的县长、建设科长等。

8 月 1 日,政务院致电慰问参加淮河防汛抢险的工人、农民、军人、学生、机关工作人员。

8 月 8 日,开始在高良涧进水闸下 300 米处突击赶筑滚水坝,以抬高闸下水位。同时闸上加压 700 吨钢轨,防止闸身滑动。

同月,江苏省治淮指挥部组织民工突击加固洪泽湖东岸 50 多公里大堤,省交通厅在全省调集大批轮船、木船抢运石块和器材,确保施工。项目共完成土方 25 万多立方米、石方 7.2 万多立方米、勾缝 5.3

万平方米。

11月21日，淮河流域社会经济调查团分赴河南、安徽、江苏、山东四省的淮河流域进行调查。为编制淮河流域规划，调查团全面搜集各种社会经济调查统计资料，包括农业、工矿、交通、林、牧、渔、盐、历年水旱灾害及经济发展计划。调查团从淮委直属机关各部门抽调近80名干部组成。

11月30日，成立扬州专区水利工程指挥部，组织39万多民工进行江、运、湖、河、洲、港堤复堤工程。一个冬春共完成土方2485万立方米。

冬，进行凤凰河第一期疏浚工程。1955年冬至1956年春，又进行凤凰河第二期疏浚工程。

1955 年

1月10日，为了贯彻"生产必须安全，安全为了生产"的方针，治淮委员会在蚌埠召开淮河流域安全技术劳动保护座谈会。会议讨论制定了安全技术保护措施计划及贯彻实施办法。

2月，为解决洪泽湖提高蓄水位的矛盾，国务院电示，安徽省泗洪、盱眙二县划归江苏省，原属江苏的萧县、砀山县划归安徽省。

2月4—16日，治淮委员会召开治淮工程管理会议。会议提出健全和调整管理机构，对全流域重要河道堤防以及水工建筑物实行分级管理。

3月2日，水利部召开淮河流域规划会议，确定流域规划工作在苏联专家组指导下由治淮委员会、河南和江苏两省治淮总指挥部及相关单位的干部、科员等800人参加。1956年，完成淮河流域规划报告初稿，内容分10卷，约100万字。

3月25日，江苏省委提出"对淮河下游流域规划的意见"。意见指出，洪泽湖大堤和运河东堤是淮河下游抵御洪水的屏障，也是苏北人民的生命线，在任何情况下都必须确保安全。在抵御洪水时，首先要考虑这两条关键性堤防的安全，希望入江水道能早日实施，高邮湖水位不超过 8.5 米。

3 月，洪泽湖周边 12.5 米高程挡浪堤及 13.5 米截水堤全面开工。同年 12 月竣工。

3 月，为编制京杭大运河航运发展规划，交通部和治淮委员会共同成立航运组。在地方航运、水利部门协助下，对北起黄河、南至苏州共 863 公里长的运河巷道进行查勘，历时 3 个月。查勘结束后，提出《运河（黄河南岸至苏州）航运查勘报告》。

4 月 10 日，淮河入江水道邵伯湖夏家滩、宝禅墩滩工程开工。该工程由治淮委员会工程队负责施工，11 月底竣工，完成土方 156.4 万立方米，总投资 222.1 万元。

4 月 12 日，治淮委员会机构调整，撤销工程部及财务部企业管理处，成立勘测设计院和建筑工程局。

4 月 13 日—5 月 23 日，江都围垦艾菱湖。9 月 4 日至 12 月 2 日，江都围垦荇丝湖。11 月至次年 5 月，江都围垦渌洋湖、星荡湖（亦名青荡湖），安排邵伯湖口滩地、凤凰河和沿江坍岸移民，围垦土地 26165 亩。

4 月，为了给淮河流域规划提供土壤资料，治淮委员会成立土壤总队，对淮河流域土壤进行普查。土壤总队共有 260 人，组成 7 个区队，自 6 月出发分区调查。江苏省的调查范围包括淮安、淮阴、阜宁、涟水、盐城、东台、高邮、宝应、兴化、泰州、江都等县市。调查结束后，土壤总队提出了《淮河流域土壤调查概述》。

5 月 13 日，经国务院第 10 次会议通过，任命曾希圣兼任治淮委员会主任。

8月3日，根据水利部对治淮委员会精简机构的指示精神，治淮委员会党委以〔55〕第3号文报告治淮系统精简机构方案。

8月8日，国家计划委员会批准《编制淮河流域规划的计划任务书》。

9月25日，里下河地区最大的入海河道射阳河挡潮闸开工建设。

11月8日，省治淮总指挥部根据淮河流域规划要求，制定淮河入江水道第一期工程计划任务书。次年2月和6月，先后经水利部和国家计委批准，同意按11000立方米/秒入江流量设计，包括中渡至闵桥东西大堤工程、大汕子格堤工程、西南岸圩堤工程和堤西排水工程等，要求汛后开工。

冬，兴建扬州市黄金坝电灌工程。

1956年

3月，凤凰河二期工程开工，靖江、泰兴、泰县5.2万人参加施工，5月中旬结束，完成土方440万立方米。

3月，洪泽湖东岸水网地区开始搞旱改水工程，试验田0.253万公顷。

是月，根据中央关于洪泽湖应"按湖设治"的原则，并经国务院批准，将湖东平原和湖四周部分陆地分别从淮阴、淮安、盱眙、泗洪、泗阳划出，建立洪泽县，县治设在高良涧镇。

6月—8月下旬，洪泽湖地区多次降暴雨，同期淮水上涨，洪泽湖最高水位15.23米，三河闸全部开启，导致沿湖盱眙、泗洪、淮安、淮阴等县平地积水近1.2米。江苏省受灾农田面积达92.66万公顷，安徽省受灾面积高达153.3万多公顷。

6月22日，国家计委批准淮河入江水道第一期工程初步设计方案。

8月14日，原扬州专署农田水利工程队及专区治淮指挥部合并为扬州专署水利局。保留治淮指挥部名义，改称江苏省扬州专区治淮指挥部。

8月30日，水利部批复同意省治淮总指挥部报送的《里运河（西干渠）整治工程设计》。里运河自淮阴到瓜洲长188公里，其中灌溉总渠至邵伯段115公里为计划中的西干渠。设计两岸直接灌区19.1万公顷，补给里下河灌溉25.8万公顷。

9月23日，新洋港闸工程开工。新洋港是里下河地区排水干河，在其入海口建挡潮闸。1957年5月30日，工程竣工放水。

9月，江都县仙女庙电力灌站开工。安装机泵28台套，灌溉范围100平方公里，受益农田面积12万亩，是当时苏北最大的电力灌溉站。1957年5月25日建成。

10月13日，成立江苏省扬州专区里运河整治工程指挥部，殷炳山任工地党委书记兼指挥。

11月13日，里运河整治工程经水利部批准开工。从界首四里铺至高邮镇国寺段建新东堤，长26.5公里。扬州专区动员民工分两期进行。第一期工程于1957年1月竣工。第二期工程于1957年2月24日开工，7月1日竣工。

11月，白马湖、高宝湖、邵伯湖圩区全面复堤。修筑白马湖隔堤（从宝应严荡大圩的王庄圩拐向南，经郑家小圩、阮桥到吕良大圩的孙渡），长23公里，次年5月竣工。1969年阮桥闸建成后，白马湖内涝可相机排入宝应湖。

11月，淮河入江水道清障行洪，邗江县黄珏乡同兴圩及酒甸乡沿湖村民迁移至泰县苏陈庄垦区。

12月9—14日，中共江苏省委改制办公室召开"旱改水"座谈会。参加会议的有淮阴、徐州和盐城专区24个县的代表。

冬，江苏省整修淮河入江水道，对原行洪水道整修复堤，其行洪标准为 8000 立方米 / 秒。同时，对高宝湖、白马湖、邵伯湖圩区进行全面复堤。工程于 1957 年 5 月完成。

后记

　　淮河是中华人民共和国成立后第一条全面系统治理的大河。1950 年 10 月 14 日，中央人民政府政务院作出《关于治理淮河的决定》，开启了新中国治淮的伟大征程。

　　70 年来，在党和政府的正确领导下，在毛泽东主席"一定要把淮河修好"的号召指引下，勤劳智慧的淮河流域人民遵循"蓄泄兼筹"的治淮方针，励精图治、开拓奋进，战胜各种艰难困苦，开展规模空前的治淮建设，在古老的淮河大地上创造了震古烁今的人间奇迹，昔日灾难深重的淮河流域发生了翻天覆地的历史性巨变。

　　70 年来，党和国家始终把淮河作为全国江河治理的重点，摆在关系国家事业发展全局的战略位置，先后数十次召开国务院治淮工作会议，作出一系列重大决策，领导人民开展了波澜壮阔的治淮建设，取得了前所未有的辉煌成就。

　　中华人民共和国的治淮史镌刻着老一辈创业者无私奉献的心血和汗水，凝聚着几代建设者的青春和梦想，见证着治淮事业的不断发展和淮河大地的历史巨变。

在查阅资料、编撰本书的过程中，我们总是被治淮先辈们的付出深深感动着。尽管本书聚焦的仅仅是扬州市档案馆所藏 1952—1956 年治淮的有限资料，但参与编撰者有一个共同的感受：中华人民共和国建立以来，在中国共产党的领导下，在中央政府的英明决策与推动下，淮河儿女治水的脚步，从过去到现在，始终都没有停下过。

从 1951 年到 1957 年，共修建水库 9 座，修建蓄洪工程 11 处，治理大小河道 175 条，修建大小涵闸 559 座，培修淮河干支流主要堤防 3985 公里。

70 年过去了，到目前为止，淮河流域基本建成了集防洪、除涝和水资源综合利用于一体的水利工程体系，流域总体防洪标准得到明显提高，实现了淮河洪水入江畅流、归海有路，可以防御中华人民共和国成立以来流域以内发生的最大洪水。

曾经的淮河浊浪翻滚、洪水滔天，两岸的百姓虽眷恋家园故土，但又无奈地只能忧愁哀伤。今天的淮河流域，以防洪、除涝、灌溉、航运、供水、发电为主要内容的水资源综合利用体系正日益发挥出显著的减灾兴利效益。今天的淮河两岸处处呈现出一派经济繁荣发展、社会安定和谐、人民富庶安康的美好景象。

70 年，弹指一挥间。我们从卷帙浩繁的档案史料中搜寻辑录，用饱含真情的笔墨，倾心追寻新中国治淮的坚实足迹，深刻思考新时期治淮的重大问题，热情展望淮河未来的美好前景。

希望这部书的出版，能进一步促进淮河治理历史的研究，总结治淮重大实践和经验认识，扩大治淮的社会影响，激发社会各界进一步关心治淮、支持治淮，促进治淮事业在新的历史时期取得更大成绩，也为今后的淮河治理提供有益的借鉴和参考。由于档案资料涉及面窄，加之编撰者水平有限，书中肯定存在不足和错误之处，还请方家不吝指正。